自然的历史

精装典藏本

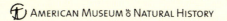

AMERICAN MUSEUM ᵒᶠ NATURAL HISTORY

Natural Histories

Extraordinary Rare Book Selections from the
American Museum of Natural History Library

自然的历史
美国自然博物馆图书馆的珍本典藏

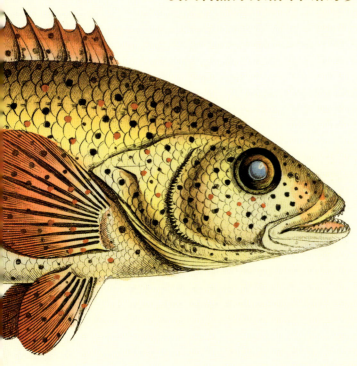

［美］汤姆·拜恩（Tom Baione） 编著

傅临春 译

张巍巍 审订

重庆大学出版社

版贸核渝字（2014）第67号

图书在版编目（CIP）数据

自然的历史：精装典藏本 / (美) 汤姆·拜恩

(Tom Baione) 编著 ; 傅临春译 . -- 重庆 : 重庆大学出版

社 , 2019.4（2019.12 重印）

书名原文 : Natural Histories

ISBN 978-7-5689-1090-3

Ⅰ.①自… Ⅱ.①汤… ②傅… Ⅲ.①自然科学—普

及读物 Ⅳ.① N49

中国版本图书馆 CIP 数据核字 (2018) 第 216541 号

自然的历史：精装典藏本

ZIRAN DE LISHI：JINGZHUANG DIANCANG BEN

[美] 汤姆·拜恩　编著

傅临春　译

张巍巍　审订

责任编辑　王思楠

责任校对　刘志刚

责任印制　张　策

装帧设计　李明轩

重庆大学出版社出版发行

出版人　饶帮华

社址　（401331）重庆市沙坪坝区大学城西路 21 号

网址　http://www.cqup.com.cn

印刷　深圳当纳利印刷有限公司

开本：787mm×1092mm　1/16　印张：18.5　字数：329 千

2019 年 4 月第 1 版　2019 年 12 月第 2 次印刷

ISBN 978-7-5689-1090-3　定价：168.00 元

目 录

序

爱伦・V. 富特（Ellen V. Futter）
美国自然博物馆馆长

自 1877 年起，美国自然博物馆的学术图书馆就已经成为博物馆的科学家及员工、全世界各地的研究人员以及普罗大众不可或缺的资源宝库。如今，图书馆中藏有超过 50 万册图书、22 000 多种期刊以及无数照片、影像资料、手稿、档案、艺术品和纪念展品，它呈现着自然史的历史记录及现状，是世界上最伟大的自然史图书馆之一。从 1993 年起，这座图书馆被纳入博物馆的曼哈顿区，置于一座专门为它修建的八层高建筑物中，它拥有近 16 英里长的书架、最先进的安保系统、密集的档案架，还有为放置不同材料准备的 4 个不同气候区域。

然而，正如本书所提供的煊赫证明所展示的，这座学术图书馆远不止是数据和事实的集合体。《自然的历史》整理收集了一些在图书馆的珍本典藏中最具科学意义、最珍贵稀有、拥有最美丽插图的珍本。

我们可以将博物馆看作一场在过去和当下永不止歇且变化无穷的交流，甚至还可以说博物馆本身就是自然史的一个范畴。因此可以说，本书以精选的关键性历史著述，联合博物馆科学家与图书馆员，创造了一场极富启发性的、探索奥秘的对话。如此，它展现了自然界的美与奇迹，赞美了人类天生探索求知的冲动，这种冲动超越了时间与地理的变迁，也正是博物馆使命的核心所在。

（左图）博物馆建筑群的第一部分于 1877 年建成，馆址原名曼哈顿广场，这栋建筑在此独自屹立了一段时间。以面对西南方的视角，照片展现了这座由沃克斯和莫德设计、立于池塘和露头乱石间的建筑物，从照片中还能看出地貌的崎岖不平。

引言

汤姆·拜恩（Tom Baione）

美国自然博物馆学术图书馆的图书馆服务部

哈罗德·伯申斯坦主任（Harold Boeschenstein Director）

在纽约城的美国自然博物馆内，藏有一批重要的珍本。自这座学术图书馆 1869 年建立以来，这批珍本就一直是博物馆的核心构成。事实上，当图书馆拥有第一批藏书时，这个刚刚被特许建立的机构还在中央公园兵工厂的临时区域中。1877 年，当博物馆迁往曼哈顿上西区本部时，其图书馆已拥有大量藏书。博物馆创始人阿尔伯特·比克莫（Albert Bickmore）未出版的传记中写道，它"迁入了天光明亮的屋室，铺就玻璃砖的楼板，配备了特别的箱子和铸铁的书架"。

学术图书馆的使命从设立伊始到现在一直是——为美国自然博物馆员工的研究工作服务，推动并催生科学与展览，协助教育部员工提供公共指导，正如我们早先的藏书票上声明的信条一样，"为人民，为教育，为科学"。任何研究者都可以在图书馆阅览室中精读某卷书册，博物馆员工则可以将古卷带到他们的办公室查阅。学术图书馆仍在继续扩充其珍本典藏，不断增加的藏书资源来自图书馆的一般藏书、捐赠以及少量的购买。

现在被视为"珍本"的许多卷册已被打上封存的标记，不复见于一般藏书区（它们的封面或书名页上打上了"留存"的字样），不过，博物馆的学术图书馆并非一直都有珍本室或珍本典藏区。第一个珍本室是

（左图）1937 年学术图书馆书库一景。注意看铸铁书架和地板，铺着玻璃砖，它们原本正对着天窗。当然，现在我们知道阳光直射不利于书籍保护。

FOR THE PEOPLE
FOR EDVCATION
FOR SCIENCE

LIBRARY
OF
THE AMERICAN MUSEUM
OF
NATURAL HISTORY

博物馆图书馆的早期藏书票

在 1973 年创立的，此时图书馆的珍贵书籍已经越来越多，并被挪移了好几次。直到 1993 年，这些典藏才被移至现在这个特别建造的储存设施中，在这里，它们在严格的环境条件下由专业管理人员保存并监管。进入这个区域需要经过多重安保程序。一本书被视为"珍本"是有多种原因的，比如罕见、独特、古老、装帧、开本、价值、插画——有些插画是如此迷人，让人忍不住想把它们撕下来带出去。一本珍本往往是具备以上种种特征的集合。

这些书籍中的图片都是复制品：它们并不是艺术原件，而是原件的再现。但它们的科学价值并不因此而降低。事实上，从许多意义重大的方面而言，它们比原作更加重要。人们也许会认为，比起它们的复制品，素描或绘画更加贴近其本体，但是这些艺术品是独一无二的、不可更改的，并且很少公开展示。而复制的过程也是修正与整理的过程，随后，它们被印刷出来并广为发行。复制品比原始艺术品更重要，是因为它们担负着向公众传播"信息"和"图画"的使命，单一的原始作品则无法做到这一点。在接触更广泛的读者时，印刷图片和与之搭配的印刷文字一样，始终如一地讲述着相同的故事。

本书中的一些图画也许对某些人而言很熟悉，对另外一些人而言则较为陌生。这些图画是否广为人知取决于诸多因素，比如出版版本的尺寸、原作艺术家是谁、

人们把珍贵的书平摊开来，以保护装订结构和内容。前景中的这本书是约翰·古尔德的《澳大利亚的哺乳动物》(*The Mammals of Australia*)。

图画是否迷人。你在本书中将读到许多珍本古籍的节选，它们的作者使用了各种各样渐趋精细的方法来创造其印刷插画。随着技术的进步，复制越来越大量相同影像的方法也在发展。

为了使读者能更深入地欣赏书页中的精彩插画，一段不同印刷方法的简史将有助于理解每幅图片的起源。最早以及最简单的印刷图片的方法，是以木刻的方式进行凸版印刷，顾名思义，即在木板上阳刻雕出图画。和15世纪后期革命性的活字印刷版面极其相似，雕版印刷是在木板上雕出反向的图像，在上面刷上颜料，而后印在纸张上。令人遗憾的是，木板很容易断裂，而且凸出的雕刻纹路在重复使用后容易磨损，印出的图画会越来越模糊。之后，就出现了"凹版"印刷，它能印出清晰的线条，并且持续生产成千上万张完全相同的图像，这种印刷渐渐占据了主要地位。

凹版印刷【在意大利文中"凹雕"（intaglio）的意思是"刻"（carving）】与凸版印刷截然不同。在光滑的铜板薄片上镂刻出线条与纹理，在这些纹路中灌满了墨水。当这些薄片或薄板的光滑表面被清理干净后，人们就将纸张盖在铜板上，施加压力，令纸张从刻纹中吸出墨水。后来，人们将需要雕刻的图纹部分放置在不同强度的酸中，以生成柔和的线条与图案，这种方法被称为蚀刻。这些黑白图片稍后都可以用手绘着色的方式形成更鲜活逼真的图像。

插画印刷的伟大改革是平版印刷术。由于铜是一种昂贵的金属材料，而杰出的雕刻师又十分罕见，因此，平版印刷或石印术在 19 世纪渐趋流行，并引发了插画作品数量的爆发性增长。在这种印刷过程中，人们使用特殊配方的油墨，以液体或墨笔形式将图像直接画在或涂在石印表面上。然后，将整块石印表面打湿，并以滚筒着墨。油墨与水不相融，墨水只会粘在有油脂的图纹上。再将纸置于石印表面，施加压力，图画便被印到了纸张上。

许多关于自然史的画作旨在以图阐释相关科学主题，但是从印刷刚出现的年代开始，人们就要求杰出的艺术家进一步阐明科学文本。在自然史插画的最初年代，艺术家们对于科学主题只有极其有限的信息，这就导致了错误的描述。在许多情况下，作者本身就是优秀的艺术家，他们自己创作与文本相配的插画。有些作者甚至将自己训练成艺术家，又或是打磨自己的版画技术，以尽可能写实地创作并印刷他们想要复制的图画。有时这能产生精确描述主题的艺术品，有时则不能——很多时候无论是作者还是艺术家都没有见过他们描述的物体，或去过他们笔下的地方。通常，最优秀的插画源于插画家和科学家的合作关系，他们订立合约，一方的艺术专业技术使另一方的文本描述更具价值。令人惋惜的是，虽然有许多与本书提及的作者共同合作的艺术家，但他们的身份已遗失在历史的长河中。

要从如此庞大又丰富的藏书中撷取入选本书的经典，实在是一件非常困难的事，因此我们将搜索范围局限于那些拥有罕见或有趣插画的书籍——它们能引发观者的好奇心以及更深入探索的意愿。在选择过程中，我们略过了许多更大众化、更常见的作品，以呈现那些不常被人们听说但是很值得一览的故事，以及那些在传统意义上并不美丽，但是从科学角度和美学角度值得注意的插画。最后，我们从博物馆的科学家、研究员以及图书管理员中寻找作者，他们的工作和兴趣与这些精选的主题有密切的关联。我们邀请博物馆群体中的这些成员针对每本著述写一篇随笔，内容包括著述的作者、独特又稀有的内容以及在自然史上的贡献与地位。

这些书籍的涵盖范围甚广，从最早印刷的 16 世纪的动物学书籍——它们旨在揭示动物形貌，到 20 世纪的作品——自然形态以其外形与美感并重，反映了博物馆研究的各个学科，包括人类学、古生物学、地球科学、天文学和动物学，涉及面囊括了七个大洲。在这些书籍的创作过程中，有许多情景一再出现：倾力协助投资出版或完成著作的家人和同事；传世仅存的唯一文件资料的印刷插画；着迷于地域、人物与生物以至终生致力记录并解开奥秘的年轻探险家、科学家和科学爱好者。这些精选著作，这些"自然历史"背后的故事不仅展现了近五百年来科学与艺术的历史进程，也讲述了印刷时代科学与技术的发展及启示。作为科学的工具，这些作品同时也是历史长河中小小的纪念碑，铭刻着几个世纪以来自然科学研究的历程、成就与奋斗。

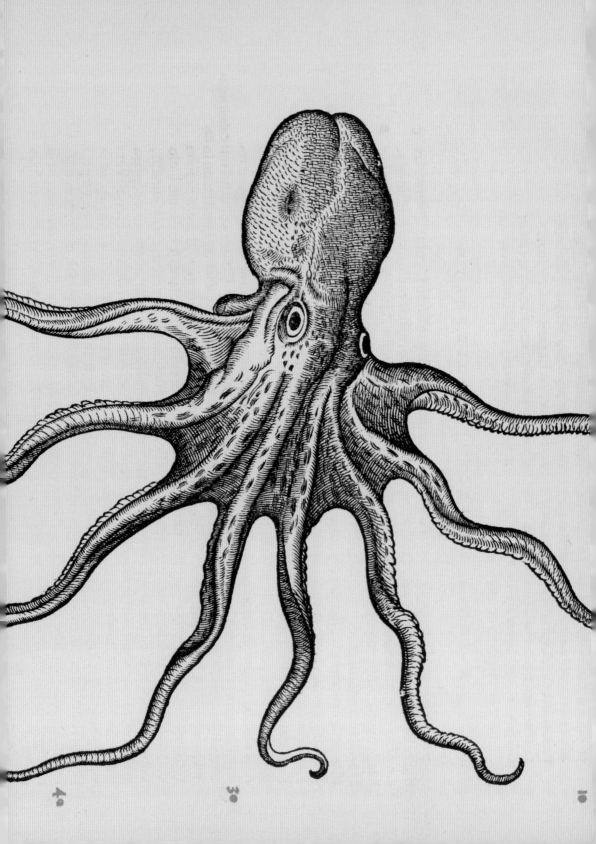

第一部动物书籍

撰文 / 理查德·埃里斯

作者

Conrad Gesner, 1516—1565

康拉德·格斯纳

书名

Historia animalium

（ *Histories of the animals* ）

《动物志》

版本

Tiguri: Apud Christoph. Froschoverum，1551—1558

（左图）格斯纳笔下的章鱼在大多数细节上都是正确的，但是眼睛却画错了。直到人们看到真正的章鱼之前，没人知道它们的瞳孔是水平横向的，并且无论这个头足类动物姿势如何，其瞳孔始终都保持水平。

康拉德·格斯纳（又名Konrad Gesner，Conradus Gessnerus 等），1516 年 3 月 26 日出生于苏黎世，1565 年 12 月 13 日在苏黎世去世。他的五卷本《动物志》出版于 1551—1558 年，被视为现代动物学的开端。第一卷以插画的形式描述了可怀孕的四足动物（哺乳动物）；第二卷是关于产卵四足类（鳄鱼和蜥蜴）——当时澳大利亚的鸭嘴兽和针鼹还未被发现；第三卷说的是鸟类；第四卷则是关于鱼类和其他水生动物。在他死后，关于类蛇动物（蛇和蝎子）的第五卷于 1587 年出版。《动物志》是格斯纳的代表作，也是所有文艺复兴博物学作品中最广为人知的著作。它是如此受人欢迎，因此他在 1563 年于苏黎世出版了该书的缩略版《动物书》【*Thierbuch*（*Animal Book*）】，书中的木刻插图都以手绘上色。

《动物志》是一次尝试，它试图将动物世界的古代知识与文艺复兴的科学进展联系在一起。格斯纳这部里程碑式

图书馆该书复制品的其中一卷，它保留着 1551 年的素压印包边、撒金（装饰性涂绘）牛皮纸包裹的木板页、黄铜及皮革所制的前页边搭扣——用以防止木板膨胀及内页散佚。出自这一时期的前页边搭扣极少有保存得如此完整的原件。

的著作是基于《旧约全书》、希伯来文、希腊文和拉丁文的资料，根据民俗传说以及古代和中世纪文本所编撰，许多动物的名称都以希腊文和希伯来文出现。关于当时实际存在的动物，他结合了古代博物学家，如亚里士多德（Aristotle）、普林尼（Pliny）和伊良（Aelian）等传承下来的知识；关于神话动物——他通常都如此称呼它们，他借鉴了民间故事、神话和传奇，其中一些资料来自《生理论》（*Physiologus*），这本关于动物传说的书来自公元 2 世纪的亚历山大城，其后被翻译成叙利亚语、阿拉伯语、亚美尼亚语、埃塞俄比亚语、拉丁语、德语、法语、普罗旺斯语、冰岛语、意大利语和盎格鲁撒克逊语。《生理论》不是一本单纯被不断翻译的作品，当它跋涉于时间与地理的漫漫长征中时，不止一个作者在创作它，其内容也不断地被增补并修改。公元 8 世纪时，它被翻译成了拉丁语，最终演变成一部中世纪动物寓言集，而后被融入《动物志》中。

　　尽管格斯纳力求将事实与传说区分开来，但他百科全书般的作品中仍然包括了神话中的生物和虚构的野兽，混杂着来自新世界[1]、远北（出版内容与东北和西北航道的早期发现相一致）的未知生物，以及在西印度群岛新发现的动物。（丢勒著名的犀牛创作于

---

[1] 新世界（New World）：指西半球或南、北美洲及其附近岛屿。

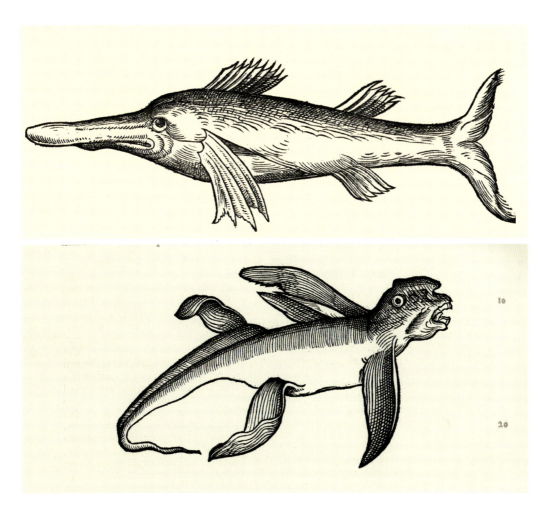

（上图）鳍的数量与位置说明格斯纳的描述或多或少是正确的，但桨状的吻部是错的。

（下图）虽然格斯纳把它叫作海猴，但这幅图所画的可能是一种叫银鲛的软骨鱼的干制样本。突出的背棘、大眼、鼠尾都是银鲛的特征，但它们不像鲨鱼，没有可见的鳃裂。

1515 年，出现在《动物志》第一卷中。）在适当的情况下，格斯纳会列出动物及动物产品的医药和营养用途，并注明它们在自然史、文学及艺术中的地位。

　　由于《动物志》中包含了插画——通常画的是在自然栖息地中的动物，格斯纳阐述自然史的方法对 16 世纪的读者来说极不寻常。格斯纳提及了他的主要插画家中的一位，即卢卡斯·斯敞（Lucas Schan），这是位来自法国斯特拉斯堡的艺术家，同时他也认可

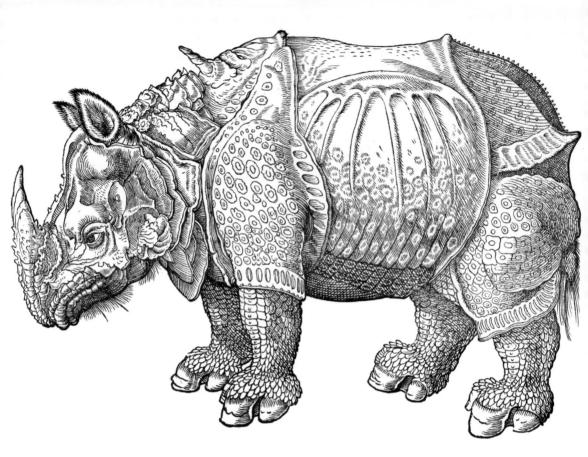

（上图）这只犀牛的插画直接源自阿尔布雷特·丢勒 1515 年的木版画。由于丢勒也从未见过犀牛，因此格斯纳的版本重复了所有原有的错误描述，诸如肩部突出的小角、全身披甲、袖筒、裤脚、鳞足以及尾部的锯齿状突起。

（左图）多头蛇的形状令人联想到巨型乌贼，除了某些细节，诸如七条"臂"上七个戴王冠的头和小小的爪足。不过格斯纳的多头蛇插画也许是对一只搁浅的大王乌贼的曲解。

其他几位艺术家在绘画上的贡献——奥拉乌斯·马格努斯（Olaus Magnus）、纪尧姆·龙德莱（Guillaume Rondelet）、皮埃尔·贝隆（Pierre Belon）、乌利塞·阿尔德罗万迪（Ulisse Aldrovandi）和阿尔布雷特·丢勒（Albrecht Dürer）。他们的作品被转移到木版上，由不知名的工匠雕刻。之后这些木版被用于在预留的纸页空间上"印"出插画，纸张上的文字是早已印刷好的。

在过去的三十年里，我有足够多的机会引用格斯纳的著作（当然是译本），并且我曾复制过出现在这卷帙浩繁中的许多非凡插画。比如说，我的《海怪》（*Monsters of the Sea*）（1996 年由克诺夫出版社出版）一书中涉及鲸、鲨鱼、美人鱼、巨乌贼、巨章鱼和尼斯湖水怪。格斯纳的著作中只缺了尼斯湖水怪而已。书中还有诸多生物无法被归入已知的类别，比如海猴（*Simia marina*）。

格斯纳的海猴插图直接引用自约翰内斯·肯特曼（Johannes Kentmann）的一幅画作，这位德国德累斯顿的内科医生及博物学者也将它称为海猴。就如此处的复制品所示，格斯纳的海猴有某些特征类似于海豹（四个"鳍状肢"）、鲨鱼（许多牙齿）、水獭（四个鳍状肢和长尾）以及某些鱼类（但它没有鳃裂）。格斯纳写道：Non pisces quid haec. Sed bestia cartilaginea，意思是"没有鱼类形似如此，但软骨兽类肖之"。他显然意指它为一条银鲛，这种软骨鱼既不完全像一条鲨鱼，也不完全像一条硬骨鱼。在希腊神话中，银鲛是一种喷吐火焰的怪物，有狮子的脑袋、山羊的身体和巨蛇的尾。现存的银鲛大约有 40 种，银鲛有一对大眼和两道背鳍，第一道背鳍的前端有一根锯齿状毒刺。虽然它们有类似于鲨鱼的多重鳃裂，但其鳃裂被一块名为鳃盖的片状物所掩盖，这一点和硬骨鱼相似。它们有渐趋尖细的长尾，因此又常常被称为"耗子鱼"。

尽管《动物志》中有时会出现令人费解的内容，但它仍然为古代及现代动物学研究构筑了坚实的基础。在这五卷杰作中，许多已知生物（及一些想象出来的生物）被细致地描述并画了出来。要想了解动物学的历史，并一睹五百岁高龄的精美插画，再也没有比康拉德·格斯纳的《动物志》更好的了。

理查德·埃里斯（Richard Ellis）
美国自然博物馆古生物学分部副研究员

新世界之初印象

撰文 / 戴维·赫斯特·托马斯

作者

Theodor de Bry , 1528—1598

特奥多雷·德·布里

书名

America

《美洲》

版本

Francoforti ad Moenum , Typis I.Wecheli ,... 1590—1634

特奥多雷·德·布里是佛兰德的一位金匠，他的《美洲》一书影响深远，书中丰富的雕版插画更是令他闻名遐迩。尽管德·布里出身于显赫的富裕家庭，他仍然觉得自己有必要从事一份职业，这样"我才能自谋生路"。当西班牙国王菲利普二世将异教徒驱逐出荷兰时，德·布里逃到德国，他在那里开了一家金器店，很快就成为一名技艺娴熟的雕刻师。他创作这些作品的过程是一个非凡的传奇，内容包罗万象，涵盖战争、殖民，并以敏锐且极富争议的早期观察角度展现了新世界以及那里的居民。

为了寻找雕刻及印刷的新对象，德·布里研习了由雅克·勒莫因·德·莫古[1]编制的一系列晦涩的画作。后者

（左图）16世纪60年代在佛罗里达东北岸的提默夸猎鹿人，他们披着大片鹿皮，套着开了眼窝的面具，堂而皇之地走向水源边饮水的猎物。这些伪装的弓箭手在成功伏击之后，会用石器将尸体剥皮并分割。

---

[1] 雅克·勒莫因·德·莫古（Jacques Le Moyne de Morgues，1533—1588），法国艺术家，同时也是法国殖民者让·里博（Jean Ribault）新世界远征队的成员。他对美洲原住民、殖民生活及当地植物的描绘具有极其重要的历史意义。

约翰·怀特（1587 年就任洛亚诺克岛的地方长官）这幅出色的画作描绘了弗吉尼亚州沿海的印第安人。这是欧洲人第一次领略美洲及其土著居民的风情。近景独木舟中央的火盆可能是用于夜间捕鱼的。

在 16 世纪 60 年代曾参与法国胡格诺派教徒[1]移民到西属佛罗里达的行动，可惜这一行动流产了。他们遵照雷内·古兰·德·劳多尼尔[2]的命令，与美洲原住民建立交流，探索新大陆，并在圣约翰河南岸建立了卡罗琳堡。但是西班牙对他们的努力并不领情。

1565 年，西班牙王室派遣佩德罗·梅嫩德斯·德阿维莱斯（Pedro Menéndez de Avilés）去解决法国的这些问题。梅嫩德斯在佛罗里达州的圣奥古斯丁设立了指挥所，雷厉风行地占领了卡罗琳堡，并处死了三百多个法国人。法国人再也没有进攻过北美东岸的西班牙属地。

在梅嫩德斯袭击卡罗琳堡的那一天，勒莫因逃进了沼泽地，并幸运地遇到了一艘法国船——灵缇号（Levrière）。他搭乘它前往欧洲，途中偏离航线到了英国。勒莫因在伦敦安顿下来，一直隐姓埋名地生活到了 1586 年。这一年劳多尼尔出版了他关于法国人

---

[1] 胡格诺派（Huguenots）：16 世纪欧洲宗教改革运动中法国兴起的一个新教派，因反对国王专政而长期遭到迫害，直至 1802 年才得到国家的正式承认。
[2] 雷内·古兰·德·劳多尼尔（Rene Goulaine de Laudonniere，1529—1574），法国胡格诺派探险家、前法属殖民地卡罗琳堡（现佛罗里达州杰克逊维尔市）的创建者。他曾与让·里博一起被派遣去佛州寻找适合法国新教徒的居住地。

（上图）这幅形象的版画展现了左侧的一个狩猎遮蔽处，一个侦察员躲藏在里面观察猎物，而后召集成队的猎人来伏击短吻鳄。他们将削尖的木杆戳进短吻鳄的嘴里，然后用棍棒和长矛攻击它柔软的下腹部。

（下图）这幅版画展现的可能是提默夸人用橡子粉或面粉烹饪的过程。在远景处，男人和女人们正在挑拣并研磨橡子。左侧的人像是在以重复的水洗过程过滤掉食物中的鞣酸，而后他们将橡子粉倒入一个大陶盆中煮沸。

这一殡葬场景表现了围绕在坟堆周围的村民的悲痛以及他们的斋戒过程。已故酋长的黑饮料杯被放在坟墓顶上，箭围成一圈插在坟墓周围。远景处，酋长的屋子和办公的屋子被点燃，他所有的财产都将被烧掉。

在佛州探险失败的著述，他同样也在卡罗琳堡的大屠杀中幸存了下来。在为劳多尼尔的作品准备英文译本的过程中，理查德·哈克卢伊特 [1] 无意中发现了由詹姆斯·莫格斯（James Morgues）创作的几幅彩色画作。詹姆斯·莫格斯是雅克·勒莫因·德·莫古的英文化名，他根据自己在佛罗里达的经历，画出了一些场景与事件。哈克卢伊特更有意愿出版勒莫因的作品，但他们无法保证资金的来源。

德·布里无疑与哈克卢伊特有联系，1587 年，他前往伦敦购买勒莫因的画作。同为一名宗教迫害的受害者，德·布里急于公布胡格诺派教徒在新世界的遭遇。他早已读过劳多尼尔的故事，更希望能以一种带插图的新形式强调他们所受的苦难。不管怎么样，勒莫因拒绝出售自己的画作，于是德·布里转而关注约翰·怀特 [2] 创作的另一系列绘画。1585

[1] 理查德·哈克卢伊特（Richard Hakluyt，1552—1616），英国作家、翻译家，文艺复兴时期的航海家及探险家，编辑出版过关于航海及地理发现的书籍。
[2] 约翰·怀特（John White，1540—1593），英国画家，同时也是移民新世界的先锋之一。

年曾有107位英国殖民者随同沃尔特·雷利爵士[1]一起建立了洛亚诺克殖民地（Roanoke Colony），约翰·怀特就是其中之一。怀特于1587年就任洛亚诺克岛的地方长官，他创作了许多水彩画，记录下弗吉尼亚州的美洲原住民生活以及当地动植物的风貌。

德·布里和他的儿子们为怀特的作品《弗吉尼亚》（*Virginia*）准备了他的23幅画作，该书于1590年出版。在勒莫因死后，德·布里从他的遗孀那里购买了他的作品。第二年，在德·布里出版的《佛罗里达》（*Florida*）一书中，有43幅版画来自勒莫因的画作（还有两幅来自怀特的水彩画）。《美洲》一书是由13本书集合而成的，其中两本就是《佛罗里达》和《弗吉尼亚》。

几位人类学家一直在质疑这些绘画中人种的正确性。我们不清楚德·布里的雕版在多大程度上取自于勒莫因的原始观察记录，也不清楚它们有多少成分来源于雕刻师的想象——又或是来源于其他早期法国探险家对巴西土著的细节描绘。即使我们忽略那些程式化的希腊罗马式身体和编造的欧洲人细节——法国士兵反向戴着头盔出现在图中，这些人工制品和活动场景也不能被视作可靠的信息，它们无法代表提默夸人或佛罗里达的原生物种风貌。黑饮料仪式[2]的插图中出现了用鹦鹉螺壳（在佛罗里达沿岸难以获得）制作的杯器，并且几个提默夸人的羽毛头饰极其类似于亚马孙河土著的头饰。

撇开所有缺点不谈，三个世纪以来，德·布里这些非凡的版画阐释了美洲土著的世界观，并为17世纪的欧洲读者提供了关于新世界居民的生动的最初印象。

戴维·赫斯特·托马斯（David Hurst Thomas）

美国自然博物馆人类学分部馆员

---

[1]沃尔特·雷利爵士（Sir Walter Raleigh，1552—1618），英国著名冒险家，同时也是作家、政治家，更以艺术、文化及科学研究的保护者闻名。
[2]黑饮料仪式（black drink ceremony）：黑饮料是美洲东南部的土著居民自酿的一种饮料，由代茶冬青的枝叶烤过后制成。在仪式上，黑饮料由酋长准备，并用大型的公用杯器盛装，器具常常是螺壳。人们大量饮用这些饮料，之后往往还伴随着仪式性的呕吐，以期净化身体。

《测天图》星图

撰文 / 迈克尔·萨拉

作者

Johann Bayer，1572—1625

约翰·拜耳

书名

Uranometria

〔*Measuring the sky*〕

《测天图》

版本

Augustae Vindelicorum: Excudit Christophorus Mangus，1603

美国自然博物馆中的珍藏之一，是出版于 17 世纪早期美丽的星图《测天图》。一千多年来，天文学家们一直在汇编星表。托勒密（Ptolomy）的《天文学大成》（*Almagest*）完成于公元 120 年，其星表以及对可见宇宙的描述是几百年来观测星辰的巅峰之作，并在之后的 1 200 年里被奉为圭臬。1603 年的《测天图》星图集则是自《天文学大成》之后里程碑式的飞跃。这本当时最先进的星图是由律师兼天文爱好者约翰·拜耳所作，它远胜于那些没有标明星辰位置的目录集，是第一份覆盖整个星空、包括 1 200 颗星辰的星图，并且成为之后所有天空星图表的范例。《测天图》不仅仅列出了星辰（《天文学大成》就仅是如此），更精确地绘制了天空中可见的所有亮星，将它们分成 60 组（或者说是60 个星座），可谓精致优美的艺术作品。

1603 年的《测天图》星图以铜版雕印，并装订了牛皮纸封面。前 48 页描绘了 48 个托勒密所定的星座，第 49 页

（左图）蛇夫座

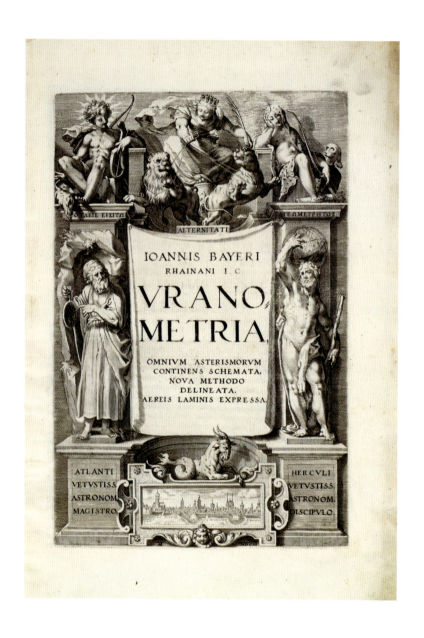

亚历山大·梅尔（Alexander Mair，约 1562—1617）雕刻了《测天图》的插画与扉页。图中的寓言人物包括托勒密和大力神赫拉克勒斯，他们一左一右护卫着书名；还有书名上方的太阳神阿波罗和月神黛安娜，分别位于永恒之神的两侧。《测天图》是在德国的奥格斯堡印刷出版的，这座城市的全景出现在扉页底部的摩羯雕像下方。

上则是托勒密并不知晓的 12 个极南端星座。接下来是两幅星座图插画，一幅绘出了整个北半天球的星座，另一幅则是南半天球的星座。每幅图上都叠加着坐标方格，以便读者能在极小的比例上准确地定位任何一颗星星——对于那个时代来说这真是精确度空前。

每个星座的主题都是一幅艺术品，这是每幅版画上最抢眼的元素。所有的古典星座都被描绘成了图画——从仙女座开始，它是被锁链束缚的公主；白羊座，一只公羊；天鹅座，自然是一只天鹅，它穿过了绘为圣处女的处女座；还有绘为狐狸的狐狸座。每个星座中最亮的星被称为阿尔法（α），次亮的称为贝塔（β），其他星辰按亮度依次以希腊字母为名。因此，拜耳将参宿四定为猎户座的阿尔法——它是猎户座中最亮的星辰，在整个夜空中亮度排名第八。奇怪的是，《测天图》中的许多人物图像都背对着读者。在拜耳的星图中，参宿四位于猎户座猎人的左肩上，而在其他大多数星图中，猎户座是以右肩朝外面对读者的。

《测天图》中的一些星座及其艺术图像是如此令人惊艳，我们忍不住要为您复制出这些图页。蛇夫座（持蛇者）从远古时就已闻名于世，过去它的英文名是"Serpentarius"，如今则名为"Ophiuchus"。在图集中，它被画成一个忧郁的大胡子老男人抓着一条相当欢快的、吐着分叉蛇信的蛇。在页面下方的三分之一处有一道深色的宽带，代表跨黄道两侧宽 16 度的黄道带。黄道是一圈虚构的圆线，描出了太阳在天球上的视运行轨迹，反映了地球绕我们的母恒星所做的轨道运动。黄道带是所有已知的正统行星在天空中出现的唯一区域——水星、金星、火星、木星、土星，此外还有太阳和月亮。

两道参差不齐的暗带从左上方往下穿过图页中部。它们代表的是银河，那是数十亿颗微小到肉眼不可见的星辰发出的光所构成的光之河。我承认自己偏爱蛇夫座，因为蛇夫座RS就在这个星座中——这个双星系统每隔几十年就会产生一次大爆发，它离地球有 5 000 光年的距离。

我们估计拜耳的版画师们从未见过一只真正的狮子，因为狮子座看上去更像是一只长得太大的狗。狮子座阿尔法星又名轩辕十四（Regulus），它位于狮子座的心脏处。我们的太阳和绝大多数自转缓慢的星辰都近于完美的球形，而最近高解析度的天文图像表明，作为天空中自转最快的星体之一，轩辕十四因其自转速度而被扭曲成了蛋形。黄道跨过了狮子座的脚部，因此这个星座成为黄道十二宫之一。此外，蛇夫座本应该是黄道十二宫的成员，但是它无辜地在现代占星学家眼中失宠了。总会有些朋友自豪地说他们是双子座或天秤座，但没人会承认自己是蛇夫座。

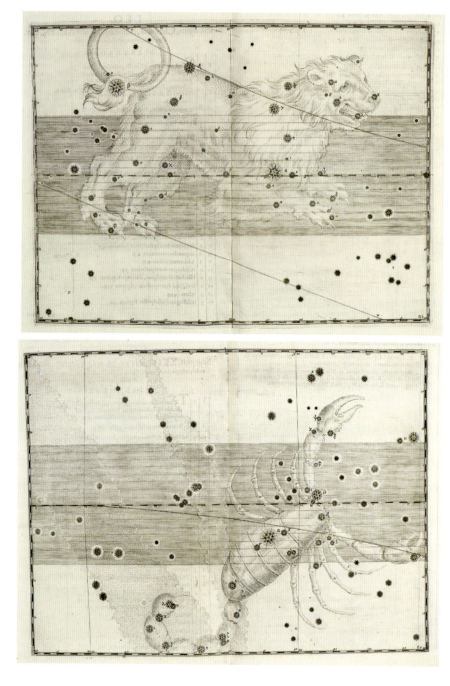

（上图）狮子座
（下图）天蝎座

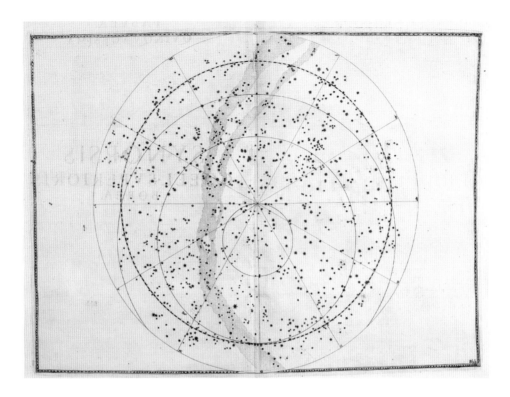

星座图

　　实际上，许多星座的星星们所组成的图案甚至无法让人模糊地联想到它们应该代表的人物、动物或其他事物。不过天蝎座是个著名的例外，《测天图》中那凶恶的蝎子将这一点表现得极其明显。作为天蝎座的心脏，那明亮的红色心宿二也许会在下周或明年，总之是在接下来的几十万年中的某一刻爆发成一颗超新星，到时候它即使在明亮的白昼也会清晰可见。

　　拜耳若是看到他的著作被更新为《测天图2000》，应该会既吃惊又有几分高兴，这本2000年出版的最新星相图集囊括了28万颗星体、2.6万个星系和将近2 000个星云（星辰诞生与死亡的区域）。专业的天文爱好者用它来搜寻遥远星系中的新彗星、新星和超新星。令人遗憾的是，新书中并没有《测天图》中那些美轮美奂的原创天象画作。但是，《测天图》强大的影响力显然在四百多年后依然长盛不衰。

迈克尔·萨拉（Michael Shara）
美国自然博物馆自然科学分部天体物理部馆员

弗拉古笔下的马达加斯加岛：
植物、动物、播棋

撰文 / 亚历克斯·德·沃格特

作者

Étienne de Flacourt，1607—1660

艾蒂安·德·弗拉古

书名

Histoire de la grande isle Madagascar, avec une

relation de ce qui s'est passé és années 1655, 1656 & 1657

〔*History of the great island of Madagascar, with an account of*

what happened in the years 1655, 1656 & 1657〕

《马达加斯加岛的历史，以及 1655、1656、1657 年间的
事件记录》

版本

Troyes: N. Oudot，1661

艾蒂安·德·弗拉古的《马达加斯加岛的历史》由法
国国王路易十四及其皇后许可，于 1658 年出版了第一版。
美国自然史博物馆的图书馆内收藏的是第二版增订版，1661
年由欧朵出版社出版。两个版本中都以木版画为插图，绘有
马达加斯加的植物、动物、生活在那里的人们以及法国殖民
区的地图。第二版是在弗拉古去世后发行的，他于 1660 年
5 月 20 日再次出发前往马达加斯加，事实上这是他最后一
次旅行，人们认为他的兄弟当时接手负责了第二版的出版。

艾蒂安·德·弗拉古在 1648 年被任命为马达加斯加的
地方长官，由法国东印度公司资助。他面对的是越来越不
友善的民众，民众们的敌意很快威胁到了他在多凡堡（Fort
Dauphin）营地的发展，并挫伤了他与当地人贸易的努力。

（左图）弗拉古的动物插图
包括马达加斯加侏儒河马
（第一行，从右到左第二张
图）。

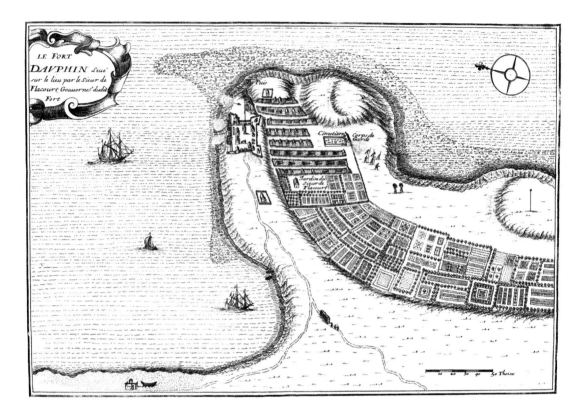

多凡堡建立在临海的战略位置上。尽管和当地人多有冲突，但弗拉古仍然能够
勘查周围的区域，研究植物和动物。

在他抵达之后的那些骚乱的岁月里，他全身心投入到了对该岛自然资源的研究中，取得的成果比维护贸易关系更丰硕。

由于很少人到马达加斯加岛旅行，更少有人能活着回来讲述自己的经历，因此弗拉古对该岛的自然历史描述成了珍贵的材料。他的插画中第一次记载了食虫植物猪笼草，他将它命名为Anramitaco，今天我们仍然可以找到这种植物。其中还有隆鸟的珍贵记录，他将它命名为Vouron patra，说它"栖息在森林中，产的蛋就像鸵鸟蛋一样"——这是关于它的少数资料之一，这种如今学名为Aepyornis maximum的动物已经灭绝了。同样被画入插图的还有马达加斯加侏儒河马（Hippopotamus madagascariensis），它如今也灭绝了。巨狐猴（Megaladapis edwardsi）在马达加斯加语中被称为Tretretretre，这种害怕人类的生物和弗拉古所描绘的众多物种一样，没能幸存下来。

Vn Rohandrian auec sa Femme portée par ses Esclaues Lors quelle va en Visitte par le Païs.

马达加斯加的奴隶制度在 17 世纪法国人抵达之前就已经存在。这幅版画展现了一个女人由奴隶抬着前往乡下，她的丈夫站在右边陪着她。画中场景说明弗拉古发现了主人与奴隶之间的肤色差异。

Philou bej ou Maistre de Village de Manghabej auec sa femme.

Vn Machicorois auec sa femme Noire.

弗拉古在他的马达加斯加历史著述中用了五幅场景描绘当地人。这幅特别的版画呈现了两个家庭。画面左侧是"乡村主人"和他的妻子一起带着一个小孩。画面右侧是一个马西哥罗人（Masikoro）和他的妻子及孩子，他们的肤色要深得多，从肤色、发型和整体着装上可以看出与当地人种的区别。

21　　　　　　　　弗拉古笔下的马达加斯加岛：
植物、动物、播棋

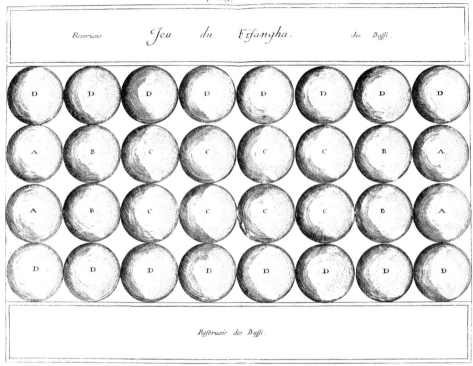

播棋游戏"fifangha"，如今在马达加斯加称为卡特拉比播棋，在东非其他地方被称为
宝石播棋游戏。

正如书名中特别提及的一样，除了马达加斯加丰富的自然资源以外，弗拉古还介绍了法国人与当地人接触交流的历史。书中绘有多凡堡的地图，从图中可以看出它是研究岛上动植物的理想地点。更重要的是，尽管当时离人类学发展成一门科学还有数世纪的距离，弗拉古对马拉加什人的人类学描述至今仍然价值非凡。研究者们、人类学家们和生物学家们在很大程度上都仰赖于这位早期先锋——美国自然博物馆中也有几位学者正在开展关于这座岛屿的研究。

在各式各样的插画中，有一幅看似简单的图画，绘着一块播棋[1]棋盘，上面有 4×8 个小洞。弗拉古为每个小洞标上了字母，并解释了游戏规则——它恰好是最早的播棋规则记录以及最早的4行播棋游戏记录，并且是所有播棋游戏的最早西方记录。他在插图中标出的字母——尤其是标号 A 和 B——涉及使用这些小洞的特殊规则，并仍然运用于如今马达加斯加的卡特拉比播棋和东非其他地方的宝石播棋游戏中。弗拉古的记录表明，这些游戏规则至少已经有四百年的历史。最初的手稿中并没有提及这些规则，它们是作者稍后凭记忆增添的，最后出现在 1661 年的版本中。第一版基本上只提及了一种称为"fifangha"的游戏名称，将它描述为"思维的游戏，类似于跳棋或十五子棋（西洋双陆棋）"。第二版中用了两页来解释它的规则，弗拉古关于马达加斯加的著述从出版至今仍然因细节闻名遐迩，这两页就是绝佳的范例。

1654 年，弗拉古搭乘第一艘可以载上他下属的船只，航返法国。1658 年，他完成了关于马达加斯加历史及自然史的著述手稿。1660 年 5 月 20 日，弗拉古再次出发前往马达加斯加，以重返他的管理职位，但他再也没能到达目的地。船只遭遇海盗袭击后沉没了，失去了它的货物，弗拉古也因此丧命。多凡堡很快也因自然力和人力毁掉了，并最终于 1674 年被完全废弃。然而，弗拉古的作品幸存了下来，并长留青史。

亚历克斯·德·沃格特（Alex de Voogt）

美国自然博物馆人类学分部助理馆员

---

[1]播棋（mancala game）：又称为非洲棋，是一种双人对弈的棋类游戏总称，对弈者不断地搬移棋子，就如播种一般，将棋子移进棋具的各洞中。这种游戏普遍流行于非洲国家以及亚洲中东地区。

弗拉古笔下的马达加斯加岛：
植物、动物、播棋

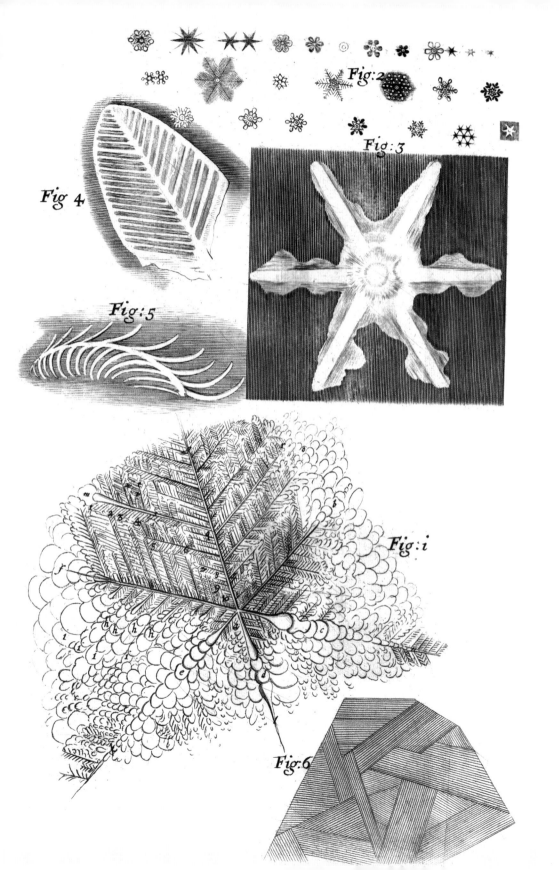

胡克《显微图谱》之奇妙

撰文 / 大卫·科恩

作者

Robert Hooke，1635—1703

罗伯特·胡克

书名

Micrographia, or some physiological descriptions of minute bodies made by magnifying glasses, with observations and inquiries thereupon

《显微图谱》

版本

London: Printed for J. Allestry, printer to the Royal Society，1667

（左图）"冰冻的尿"。胡克描绘了冰冻液体的几何形状，其中包括尿（可能是他自己的）。作为一个疑病症患者，他服用过不少危险的物质，还研究过"碎石"，也就是他尿中排出的结石。

罗伯特·胡克的《显微图谱》是一本非凡的著作，引领 17 世纪的读者们探索了一个肉眼不可见的新世界。不过，它同时也是一本奇怪的书。其中包括 60 篇依据胡克用显微镜和望远镜观察所得而写的简短笔记，许多篇笔记都配有精致的雕版插图，它们是由胡克自己绘制的。有些插图给人一种放大了无数倍的感觉，比如"跳蚤"，其占据的折叠页比线装书本身的尺寸大了好几倍。不过让现代读者受到冲击的是胡克观察目标的奇异性。让我们举几个例子：尿中的结石、硅化木、青霉、荨麻的刺毛、蜜蜂的蜇针、苍蝇足、蜗牛的牙齿、虱子、蠹鱼，还有昴宿星团的星辰。它们让人联想到那些孩子们玩显微镜时所观察的一些无伤大雅的切片，上面是羽毛、头发或一些云母片。

这些古怪的，往往是多刺的、腐败的、锋利的物质被

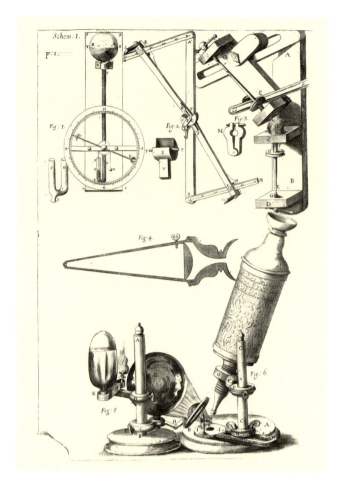

胡克的复式显微镜有一个目镜和一个物镜。对于《显微图谱》来说很重要的一点是，他的显微镜配有两个可互换的透镜。这样，他所观察的物体范围相对较广，低倍数可以观察整只昆虫，高倍数可观察雪花细节。

聚集在一起，从某种程度上说，这一集锦令人惊异之处就是其形态种类的千差万别。《显微图谱》实际上是在显微镜学的早期完成的——虽说算不上萌芽阶段，在这个时期，胡克绝妙的插图所揭示的这个出人意料的世界仍然能让受过教育的成年人目眩神迷。《显微图谱》是当时最受欢迎的科学书籍之一。英国日记作家塞缪尔·皮普斯（Samuel Pepys）盛赞它为"我读过的最富创意的书"。对于当时的读者来说，它那丰富多彩的奇妙内容是条理分明的欣悦，是感官体验的大爆炸，是视觉的神启。

不过《显微图谱》有另一部分奇异的元素。除了胡克在自己的显微镜下直接观察到

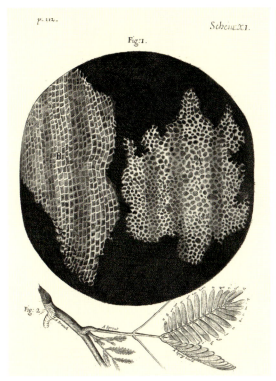

（左图）胡克把他在植物细胞中观察到的细胞壁结构称为"系统性组合"。同时，他对细胞在互相隔离的情况下如何传输液体或信号（如下方的含羞草）提出了疑问。

（右图）"青霉"。胡克对如化石以及蕨类、苔藓和真菌的生殖器官的观察引发了大胆的猜测。此处他甚至推测说："全能的造物主可能……直接设计了一种可以是腐败的'偶然'产物的新物种。"

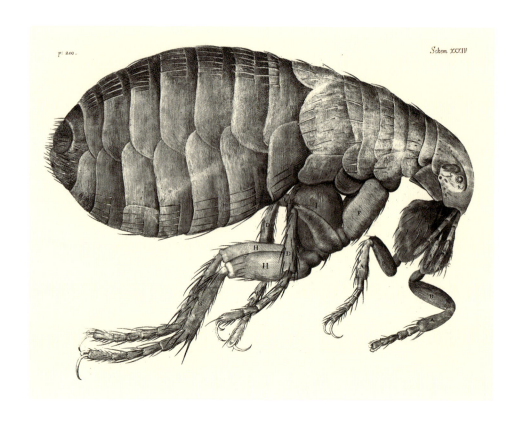

"跳蚤"。《显微图谱》中有不少昆虫的观察图。尽管这些昆虫是肉眼可见的,但胡克对它们外部结构细致入微的特写令人惊叹,这一成果在自然史上揭开了描述维度的新时代。

的物体外,书中还有众多原创理论和推测与绘图相互映衬,然而书中并没有言之有序的论点。尽管《显微图谱》和牛顿的《原理》(*Principia*)都是科学革命的杰出代表作,但它们其实截然相反。的确,胡克对软木塞的观察使他几近理解了植物的细胞组织,而且《显微图谱》为列文虎克[1]在显微镜学方面的工作提供了灵感。他确实发现了化石是古生物的遗骸,并发表了关于生命形态的先进观点,直到一个世纪后,拉马克(Lamarck)和伊拉斯谟斯·达尔文(Erasmus Darwin)才开始扩展这些概念。他在光学方面的工作领先于牛顿对光通过棱镜时的衍射现象的研究。然而,在胡克的所有文章中,他的绝大多数空想都停留在想象阶段。

[1]列文虎克(Leeuwenhoek,1632—1723),荷兰显微镜学家,他首先发现了微生物,是微生物学的开拓者。

胡克的科学理念几乎是昙花一现，这和他在伦敦皇家学会的职位密切相关。这个新兴社团在 1665 年时才刚刚成立五年，它急于证明科学的优点与实用性，从而确立科学与它自己在复辟君主制的政治与文化新秩序中的地位——这个政体本身也才成立五年。学会的早期举措之一，就是在 1662 年任命罗伯特·胡克为它的实验管理员。胡克的工作是定期公开演示新实验，并设计能够促进学会会员对实验产生兴趣的新仪器。

《显微图谱》是第一本关于显微镜的英文书，书中的一些材料来自胡克的公开演示。皇家学会向胡克支付实验管理员的薪水，并支持他的演讲稿出版，因为《显微图谱》迎合了学会的核心需要：提升大众对科学的认可。但是胡克的这个带薪岗位使他处在尴尬的社会地位上，他成了服务于学会会员的仆人。会员们没完没了的需求令他没有时间持续任何一方面的研究，不仅如此，学会还束缚了他想成为一名自然哲学家的心愿。会员们投票表决，宣布他们与胡克文章中任何具争议性的观点都毫无关系，因此胡克那些新奇的想法没有足够的社会空间可以发展。后来胡克变得好争辩、自吹自擂，还引发了与克里斯蒂安·惠更斯[1]和艾萨克·牛顿等同辈人在理论优先权上的纠纷，这也许没什么好奇怪的。但是《显微图谱》是胡克大放异彩的绝佳机会，也许正因为如此，他才在自己的文章中挂满了如此青涩的果实。现代理念认为科学不仅是大量知识，同时也是一种逻辑清晰的专业系统，我们只有暂时放下这一理念，才能对胡克在历史中的光辉一瞬感同身受。归根结底，《显微图谱》的奇妙之处在于反映了一个人的一生——他在一个科学尚未形成系统的时代从事科研以谋生。

大卫·科恩（David Kohn）

美国自然博物馆达尔文手稿项目主管

杜尔大学科学史教授

---

[1] 克里斯蒂安·惠更斯（Christiaan Huygens，1629—1695），他是历史上著名的物理学家之一，是近代自然科学的一位重要开拓者。这位荷兰物理学家也是天文学家、数学家，他建立了向心力定律，提出了动量守恒原理。

Les Six
VOYAGES,
de Jean Baptiste
TAVERNIER,
Ecuyer Baron d'Aubonne,
en TURQVIE, en
PERSE, et aux
INDES.

1678 年的印度购物指南

撰文 / 乔治·E. 哈洛

作者

Jean-Baptiste Tavernier，1605—1689

简·巴布蒂斯特·塔维尔尼埃

书名

Les six voyages de Jean-Baptiste Tavernier, en Turquie, en Perse et aux Indes

（*The six voyages of Jean-Baptiste Tavernier, through Turkey into Persia and the East Indies*）

《简·巴布蒂斯特·塔维尔尼埃的六次航海，穿过土耳其，进入波斯与东印度群岛》（以下简称《六次航海》）

版本

Amsterdam: Chez Johannes van Someren，1678

在早期西方文学中，东方旅行故事成了一种重要的流派，而东方风格从文艺复兴时期开始就在欧洲蓬勃发展。较早的一个例子是马可·波罗（Marco Polo）的《百万》（*Il Milione*，大约出版于 1299 年），该书更为人熟悉的书名是《马可波罗游记》（*The Travels of Marco Polo*）。东方不仅神秘、富庶、壮美、隐含危险，而且也是贵重宝石的产地——尤其是印度的钻石。关于东方以及钻石交易的书籍，一本值得注意的作品是《简·巴布蒂斯特·塔维尔尼埃的六次航海，穿过土耳其，进入波斯与东印度群岛》（以下简称《六次航海》）。简·巴布蒂斯特·塔维尔尼埃在巴黎出生，是来自安特卫普港一位雕刻师兼地理学者加布里埃尔（Gabriel）的儿子。塔维尔尼埃自己则成为一位珠宝商，并且自 16 岁起就开始周游列国。他与欧洲王室关系不错，曾

（左图）这幅卷首插图所描绘的是欧洲人与印度钻石矿工的接触，它来自塔维尔尼埃的《六次航海》，将异域风情展现无遗。

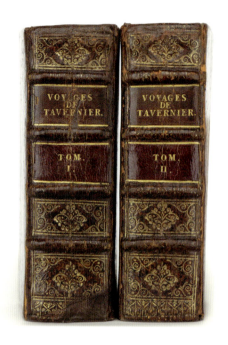

《六次航海》的两卷本非常小，便于旅行中携带。全皮装订的书脊是当时的法式风格，鎏金花纹搭配着皮质标签。

与匈牙利总督菲利普·布伦纳（Phillip Brenner）和意大利曼图亚的公爵查理一世贡扎加（Charles I Gonzaga）共游。

　　1631 年，塔维尔尼埃开始了他的首次东方之旅，前往黎凡特（现在的土耳其）、波斯（现在的伊朗）、巴格达以及周边地区。他的第二次旅行始于 1638 年，由佩雷·约瑟夫（Pere Joseph）赞助，后者是法国最高行政长官——红衣主教黎塞留（Cardinal Richelieu）的代理人。这次旅行更深入远东，他造访了莫卧儿帝国皇帝沙贾汉（Shah Jehan）的宫廷，这位皇帝拥有来自南亚的无数珠宝。这些路途中相逢的财富促使黎塞留的继任者马萨林主教（Cardinal Mazarin）下令让塔维尔尼埃踏上更远的旅程，随后，法国的路易十四得到了那些未来将镶嵌在欧洲各顶王冠上的钻石。塔维尔尼埃拜访了印度德干高原东部的主要矿区，其中包括科鲁尔矿山（Kollur），它位于戈尔康达（Golconda）、劳尔康达（Raolconda）、桑巴普尔（Sampalpur）组成的前王国境内。

　　塔维尔尼埃的第二次旅程为他带来了关于贯穿东方的商道、政治经验以及钻石矿产的大量信息。事实上，关于这些钻石矿区和采矿方法，西方文学对它们的记录大多数都来自塔维尔尼埃的《六次航海》。与此同时，他还描述了评估钻石质量与价值、货

自然的历史 32

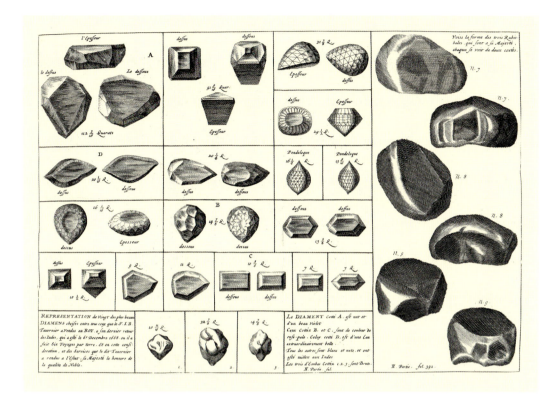

塔维尔尼埃卖给法国路易十四的 20 颗精选钻石，最右边是 3 颗未经打磨的红宝石，分别展示了正面与背面。

币兑换、应对当地竞争对手的方法。在后来的旅途中，他带回了二十多颗超过 20 克拉的钻石，并将其中的大部分或卖或送给了马萨林主教，后者已拥有了桑西钻石[1]与葡萄牙明镜钻石[2]。在 1669 年卖给路易十四的 20 颗钻石中，有重 112 克拉的塔维尔尼埃蓝钻（Tavernier Blue），它是塔维尔尼埃于 1642 年购得的，后来又被称为希望钻石（Hope）。它也被描绘在了这本书中。他的传奇与钻石加深了欧洲人对东方——以及对

[1] 桑西钻石（Sancy）：拥有传奇历史的双面玫瑰式切割梨形巨钻，首位主人是桑西爵士。据称它可能来自印度戈尔孔达城一带，现保存于巴黎卢浮宫。
[2] 葡萄牙明镜钻石（Mirror of Portugal）：浪漫又血腥的传奇方形钻石，为利益所驱在各国王室间转手，最后于 1792 年自法国皇家库房失窃，消失在历史长河中。

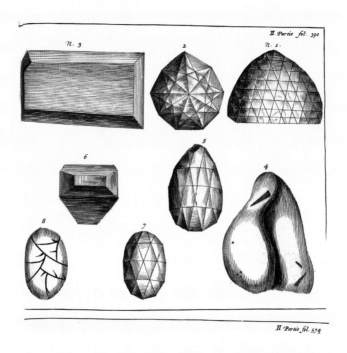

（上图）本文中提到的钻石的插画，第一颗是大莫卧儿钻石。

（下图）荷兰东印度公司（Vereenigde Oost-Indische Compagnie）的标志，它们被印在雷亚尔银币的正反两面。荷兰人将这些银币用于他们殖民地都城——巴达维亚（Batavia），即雅加达（Jakarta）——的贸易中。

钻石之王们——的沉迷与渴望。

在《六次航海》的第二部分第 22 章中，塔维尔尼埃描述并绘画了那些来自印度的绝美钻石，这本小书有两部，每部都有 5 英寸厚。在这些木版插画中，有：（1）大莫卧儿钻石（Great Mogul），279.562 5 克拉（这里的克拉数取自塔维尔尼埃的原文，并不符合现代公制标准），它被重新切割过，最后遗失在了历史长河中，不过它极可能是克里姆林宫展出的奥尔洛夫钻石（Orlov）；（2）托斯卡纳大公钻石（Grand Duke of Tuscany），后来被称为佛罗伦萨钻石（Florentine）和奥地利黄钻（Austrian Yellow）；（3）1642 年出现过的一颗 242.5 克拉的钻石，人们相信它是现在的大平原钻石（Great Table）；（4）塔维尔尼埃得到的一颗 157.25 克拉的钻石，重新切割过；（5）他在 1653 年得到的一颗 63.375 克拉的钻石；（6）由一颗 104 克拉的钻石切割而成的两颗钻石。

塔维尔尼埃在 1665 年最后一次（第六次）完整的旅行中，参观了奥朗则布皇帝[1]的宝藏。书中关于此次旅行的令人目眩神迷的文学形象之一，是沙贾汉的孔雀宝座，这尊高床般的王座由四根黄金椅腿和中央椅垫支撑，镶嵌着珍珠和钻石的华盖笼罩着它，周围则缀着珍珠流苏。在华盖顶上站着一只孔雀，它的身体由金箔覆盖，胸上嵌着一颗大红宝石，散开的尾羽上满是蓝宝石和彩色宝石。有些资料提及孔雀王座的眼睛是钻石制成，其中可能包括 105.6 克拉的光之山钻石（Koh-i-Noor）和 116 克拉的阿克巴尔·沙赫钻石（Akbar Shah），不过后者的尺寸可能更适合王座周围悬挂的垂饰："在王座背朝朝臣的一侧，可以看到一颗 80~90 克拉重的钻石，红宝石和祖母绿围绕着它，国王一坐下来，满眼都会是它们的珠光宝气。"或者也可能，这段话中提到的钻石才是沙赫巨钻。无论如何，这些宝石为塔维尔尼埃的观察报告增加了画面感及呈现效果。

塔维尔尼埃并不满足于富贵与安稳，于 1687 年动身前往瑞士，然后是柏林、哥本哈根，最后在返回波斯的途中在莫斯科停留。1689 年，他卒于莫斯科，享年 84 岁。塔维尔尼埃是旅行狂热者的典范，并且也是那个时代最具影响力的钻石商人。这本历经三百年风霜的非凡著作仍在讲述着许多传奇钻石的故事，它们至今都为人津津乐道。

乔治·E. 哈洛（George E. Harlow）

美国自然博物馆物理科学分部的地球及行星科学部馆员

---

[1] 奥朗则布皇帝（Aurangzeb）：沙贾汗的儿子。

创作者梅里安

撰文 / 保拉·谢瑞妮梅克尔斯

作者

Maria Sibylla Merian，1647—1717

玛丽亚·西比拉·梅里安

书名

Metamorphosis insectorum Surinamensium,

or Over de Voortteeling en wonderbaerlyke veranderlingen der

Surinaemsche insecten...

〔*Metamorphosis of the insects of Surinam,*

or On the procreation and wonderful changes of the insects of

Surinam... 〕

《苏里南昆虫生活史图谱》

版本

Amsterdam: Joannes Oosterwyk，1719

（左图）梅里安书中这幅著名的彩图雕版由皮特·斯鲁伊特（Pieter Sluyter，1675—1713）制作，描绘了一个菠萝与一只毛虫以及蛹和蝴蝶的形态，另有一只红色的有翅昆虫。译文写道："这是个成熟的菠萝，在水果的叶冠上画着一只红色的小害虫、一些小虫蛹，里面包裹着胭脂虫。"

"这只毛虫的腹部是美丽的黄色与红色，尾上有着大片火焰般的斑纹，它栖息在圆佛手柑上，吃它的树叶……它会变成一只大天蚕蛾，身体背面和翅膀腹面都是金色的，有着白色的条纹，每片翅膀上都有一块透明的窗斑，就像加了白框的糖衣玻璃，外围还有一圈黑纹，看上去就像是放在盒子里的镜子。持这种想法的人将这毛虫称为'镜蛾'，又或是携镜虫。"

这段文字译自《苏里南昆虫生活史图谱》的第 65 页彩图（见 42 页图），从中我们很容易就可以看出，为什么玛丽亚·西比拉·梅里安会是当时最具影响力的博物学者之一。她那简洁直白的叙述手法与极具科学之美的昆虫变态

《苏里南昆虫生活史图谱》中色彩富丽的巴洛克式卷首插画是由费雷德里克·奥腾斯（Frederik Ottens）雕版制作的，描绘了梅里安和一群天使小助手一起在为她的著作准备标本。

图相得益彰。她围绕不同的寄主植物编排图画，描绘了昆虫从卵、幼虫到成虫的每个变态步骤，妙笔生花地展现了生活史各个阶段的变化。美国自然博物馆图书馆藏有该书的一个版本，其独特之处在于：在 1719 年的这一荷兰语版本中，每张彩图页都插有手写的18 世纪英语译文页。但是译者的身份始终是个谜。

不过图书馆中这一版本的《苏里南昆虫生活史图谱》早已遗失了原本的装帧，只剩下韵律优美的文本和 72 幅华美的手工着色雕版插画。在这当中，有 12 幅额外的插图和一张卷首插画是 1705 年的初版中所没有的。其中 10 幅彩图是由作者的女儿提供的，

这幅彩图中绘的是西番莲（passion flower），它的英文名可能取自它催情的功效，又或是因为传说此花的构造象征着耶稣的受难。梅里安精妙地捕捉到了花朵卷须的柔美韵味，还有果实的成熟、两只椿象（一只猎椿，一只缘椿）以及蛾的不同变态阶段。

　　　　　　　　　　　　　　　　　　　　　　　创作者梅里安

这幅色彩鲜艳的插图描绘了珊瑚刺桐的一根枝条以及毛虫和虫蛹，还有在周围飞行的两只天蚕蛾。在译文中，梅里安如此描述毛虫："点缀着黑色条纹的黄色，武装着六根长刺。"

来自她从母亲那里继承的遗产；还有两张来自同为博物学家的阿尔伯特·西巴（Albert Seba）。事实上，梅里安对昆虫学领域的贡献是如此重要，在皮埃特·克拉默（Pieter Cramer）关于蝴蝶的开创性著作《三大洲鳞翅目》（*Die Uitlandische Kapellen*，出版于1779—1782 年）中，其隐含寓意的雕版卷首插图上画着一叠书，其中一本书脊上清晰地写着梅里安的名字。在那个时代，这样的成就对于一位女性来说绝非尔尔。

作为 17 世纪的一名画家、出版家、博物学家以及资深观察家，玛丽亚·西比拉·梅里安于 1647 年生于德国的法兰克福市。她是老资历的雕刻师和出版商老马特乌斯·梅里安（Matthaus Merian the Elder）的女儿，可以看得出来，她对观察以及事物细节的热情是与生俱来的。据传闻，她父亲曾预言说，能让梅里安这个姓氏闻名遐迩的将会是他的女儿。老马特乌斯在玛丽亚 3 岁时就过世了，她母亲改嫁给了雅各布·马瑞利（Jacob Marell），他是一位静物画家兼铜器雕刻家。在那个并不鼓励女孩成才或自我思考的年代，马瑞利将自己的技艺传授给了幼小的玛丽亚，并成为对她最具影响力的父亲兼导师。梅里安的诸多传记都认为她年仅 13 岁就开始了对自然界的观察。"从很年轻时起，我就开始关注昆虫的研究……这使我如饥似渴……并且努力磨炼自己的绘画技艺，好让我能在它们生活的过程中把它们画下来，并给画作加上栩栩如生的色彩。"

1665 年，梅里安嫁给了约翰·安德烈亚斯·格拉夫（Johann Andreas Graff），后者是马瑞利的一个得意门生，也是一位出色的画家兼雕刻家。后来梅里安转而加入了拉巴迪（Labadism）新教教派运动，而格拉夫拒绝加入这个团体，他们离婚了。1683 年，拉巴迪运动的支持者科尼利厄斯·凡·桑梅尔斯迪克（Cornelius van Sommelsdyk）离开荷兰，成为苏里南（位于南美洲东北部）总督。当纽约的荷兰人向英国人投降后，一群拉巴迪教徒跟随他前往苏里南，去那里寻找庇护所。梅里安的大女儿约翰娜·海伦娜（Johanna Helena）也和她的商人丈夫一起移居到了苏里南。

1699 年，当梅里安住在荷兰时，她参观的博物馆、私人藏品与珍奇展览中的热带昆虫标本使她大受启发。此外还有新近在阿姆斯特丹建立的植物园，在那里，来自苏里南的标本尤其令她眼前一亮。她受到的触动如此之大，于是和她的小女儿多萝西娅（Dorothea）一起开始了一场漫长又昂贵的旅程。

两个女人出发了，一个 52 岁，一个 22 岁，在没有男性陪伴的状态下前往异域苏里南，开始这场意义深远的精神之旅。她们住在凡·桑梅尔斯迪克总督（Governor van Sommelsdyk）的房子里，当地人以及奴隶为她们服务，或者像她提及他们时说的，"我们……印第安人和……奴隶"。

美国自然博物馆收藏的这个版本很独特。在原版中，荷兰文本就在彩图的对页上。而在这个版本中，这本书曾经的主人翻译并抄录了文本，然后在彩图和荷兰文本中间插入了英文页，这样，彩图的对页就变成了英文页。梅里安描绘了圆佛手柑的树枝以及"镜蛾"（"携镜虫"）的变态过程。

"1701 年 1 月，我前往苏里南的森林中探索。经观察，我发现了这种长在树间的优美红花，本国的居民既不知道这种树的名称，也不知道它的特性。我还在这里邂逅了一种美丽又巨大的红色毛虫，它的每个体节上都有三个蓝色颗粒，每个颗粒上都伸出一支黑色刺突。"

梅里安在苏里南度过了极其充实的两年，废寝忘食地记录并绘画当地的昆虫与植物。这股热情的最终爆发使她出版了《苏里南昆虫生活史图谱》一书，这是她最重要的作品。初版在阿姆斯特丹以荷兰文和拉丁文出版，60 开，读者可以选择黑白版画或手工着色版画。后世的其他博物学家在该书的宣传文案中，将梅里安的艺术称为"美洲土地上曾绘出的最美丽的作品"。

多萝西娅在她母亲逝世两年后，将其在昆虫学领域的遗产延续后世，把《苏里南昆虫生活史图谱》的铜版卖给了一位荷兰出版商。1719 年，这位出版家再版了它的新版本，其中包括之前我们提及的 12 幅彩图。

保拉·谢瑞妮梅克尔斯（Paula Schrynemakers）

珍本管理员，参与了美国自然博物馆图书馆的珍本保护实验室的一个赞助项目

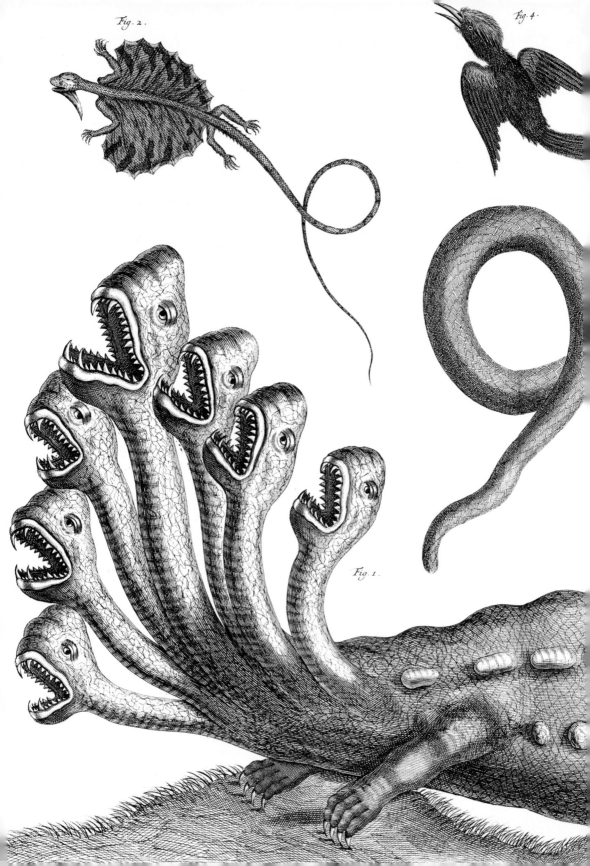

Fig. 2.

Fig. 4.

Fig. 1.

药剂师的陈列室

撰文 / 罗伯特·S. 沃斯

作者

Albert Seba，1665—1736

阿尔伯特·西巴

书名

*Locupletissimi rerum naturalium thesauri accurata descriptio,
et iconibus artificiosissimis expressio per universam physices
historiam*

（ *The richest treasures of the natural world accurately
described, and represented with the most skillfully rendered
images for a general history of natural science, or Thesaurus* ）

《白描自然世界珍宝，以最精妙的图画表述自然科学通史》
或简称为《知识宝库》

版本

Amstelaedami: apud J. Weststenium, ...1734—1765

（左图）西巴的陈列室中有一些物种显然是伪造的。这只多头蛇可能是某位喝醉的水手买下的。

阿尔伯特·西巴是一位富裕的荷兰药剂师兼收藏家，他在阿姆斯特丹的私人自然博物馆是当时最大、最杰出的博物馆之一。他儿时热衷于收集石头、贝壳、植物与动物，这种兴趣一直持续到他成年，中年时又获得了商业上的成功，这一切使他能够尽情放纵自己的热情。尽管我们不知道西巴是否曾到欧洲之外旅行过，不过18世纪的阿姆斯特丹是海上贸易的世界中枢之一，而荷兰的海外贸易帝国包括在非洲、亚洲、南美及东西印度群岛的殖民地。那个时代的秘方往往是以异域药材混合制成的，作为当时的药剂师，西巴拥有广泛的海外渠道可获得珍贵的样品。另外，我们从当代资料中获知，他造访回港的船只，携带药物以医治船上疲累及

这是美国自然博物馆中的全套《知识宝库》四卷本，巨大的书卷以鲜亮的红色摩洛哥皮革装订。古旧的书脊展现了精巧的烫金技艺。

生病的员工，有时也许以药品交换珍产。这些商业来往无疑解释了西巴收藏品中为何会有众多奇异的动物，以及当代科学家为何对它们有着非同一般的兴趣。

西巴有两个丰富的收藏系列。在 1717 年彼得大帝拜访阿姆斯特丹时，第一个系列被卖给了这位沙皇。西巴随即开始收集第二批精品，藏品飞速扩充，1735 年，卡尔·林奈[1]着手研究这一系列。彼时，西巴想要创立一个虚拟博物馆的计划已经一切都准备就绪——它将是一系列插画精美的书卷，描绘了他所有的标本，供有钱的藏书家们欣赏。西巴于 1731 年开始了这一野心勃勃的创建工作，第一卷于 1734 年问世，第二卷完成于 1735 年。不幸的是，西巴在次年逝世了，他的继承人对关于剩余书卷出版经费的争论导致了作品出版严重延期。因此，第三卷直到 1759 年才问世，而第四卷和最后一卷直到 1765 年才出版。

西巴的《知识宝库》（通常以这一简称代替其完整冗长的拉丁文书名）总计有 449 张对开页，由至少十位艺术家创作。辅文有两种版本，一种是拉丁文和荷兰文，另一种是拉丁文和法文。订阅者可以选择购买每卷 40 荷兰盾的黑白版本，也可以选每卷 200 荷兰盾的彩图版本。美国自然博物馆收藏的这一套是鲜为人知的黑白插图版本，以精心装饰并镏金的红色摩洛哥皮革装订。从彩色版本虽然可以看到西巴所收藏的标本的颜色，

---

[1] 卡尔·林奈（Carl Linnaeus，1707—1778），瑞典自然学者，现代生物学分类命名的奠基人。

ALBERTVS SEBA, ETZELA OOSTFRISIVS
Pharmacopoeus Amſtelaedamenſis
ACAD·CAESAR·LEOPOLDINO·CAROLINAE·NAT·CVRIOS·COLLEGA·XENOCRATES·DICTVS;
SOCIET·REG·ANGLICANAE·et·ACAD·SCIENTIAR·BONONIENSIS·INSTITVTVS·SODALIS.
AETATIS·LXVI·ANNO·CIƆIƆCCXXXI.

（左图）西巴《知识宝库》第一卷的卷首插图，描绘了在陈列室中的药剂师本人。他身后的搁架上放着许多保存在玻璃罐中的标本，那可能是西巴第二个收藏系列尚未流失各地前的原样。

（右图）一只两趾树懒正头朝上地爬树，就像猴子一样。树懒不像其他树栖动物，它总是头下脚上地吊着，不过无论是西巴还是他的画家都从未见过活着的树懒。总的说来，《知识宝库》中展现的动物结构是相当准确的，只不过它们的行为习惯未必正确。

一只大蟒蛇与几只有袋类动物。在右下角检视植物标本的雌负鼠是林奈最先描述的灰林负鼠（*Philander opossum*）。这一标本仍然保存在莱顿市的荷兰国家自然博物馆中。

不过，博物馆这一版本的无色插图让我们能欣赏到铜版雕刻的精工细作，而色彩涂层则凸显了铜版精美的细节。许多物种在此书中才第一次以正确的形象出现在纸页上。

《知识宝库》长久不衰的科学价值来源于一个事实——插图的物种中，包括了林奈以及18世纪其他分类学家首次描述的众多物种的模式标本。模式标本对分类学家来说至关重要，因为当发表的物种描述不适当或不正确时，模式标本可以决定其学名是否适用。由于西巴的收藏品在他死后四散各地且被拍卖，其中的许多物种后来都遗失了。有时，《知识宝库》中的插图是鉴定林奈模糊描述的某些物种的唯一依据。除此之外，西巴的插图还被用来鉴别一些时不时在欧洲各地被重新发现的模式标本。举例来说，1911年，奥菲尔德·托马斯（Oldfield Thomas）在英国博物馆发现了几十只封存在老式玻璃罐中的哺乳动物标本。被发现时，这些标本正在一间被忽视的储藏室中，落满了灰。与《知识宝库》的前两卷插图细细对比后，托马斯相信这些物种属于西巴的第二个收藏系列，因此也是林奈所描述的一部分模式标本。

不过，对于大多数不是分类学家的人而言，西巴图册的非凡之处主要在于：引人入胜的内容、奇异的编排、出人意料的感染力和纯粹的怪诞不羁。一幅图页上，巨蛇在看似毫不在意的犰狳上方扭动；负鼠在另一幅图上轻嗅着一小枝花束；一个人类胚胎悬浮在一个装满酒精的罐中，还有一个大象胚胎在它旁边静静沉睡。插图中大多数动物都有准确的着色，能够辨认出物种类别，但还有一些怪异的生物仿佛出自中世纪的动物寓言集：比如说其中有一只七头蛇，它可能是在一个遥远的港口由一个小贩用不同的动物肢体缝合而成，然后再卖给了容易上当的水手，最终在西巴美妙的陈列室中找到了归宿。

罗伯特·S. 沃斯（Robert S. Voss）
美国自然博物馆脊椎动物学分部哺乳动物部馆员

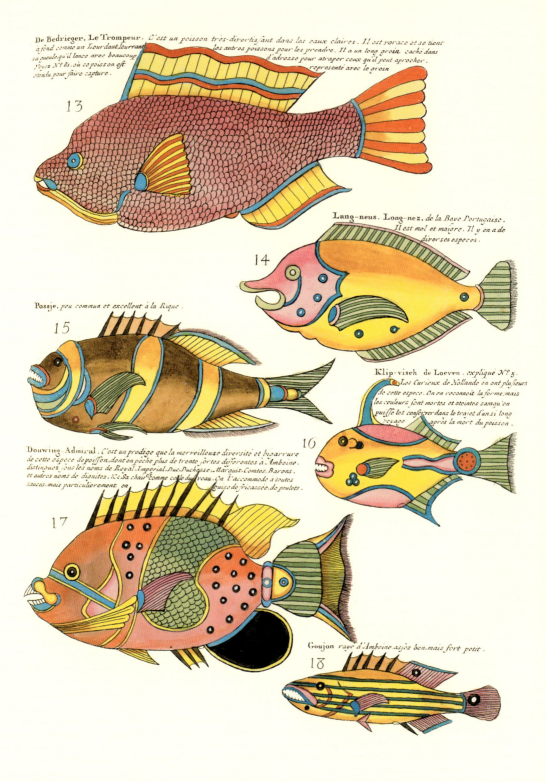

De Bedrieger. Le Trompeur. C'est un poisson très-divertissant dans les eaux claires. Il est vorace et se tient à fond comme un Lourdaut, leurrant sa queue qu'il lance avec beaucoup d'adresse pour atraper ceux qu'il peut aprocher. les autres poissons pour les prendre. Il a un long groin caché dans voyez N° 81. où ce poisson est représenté avec le groin étendu pour faire capture.

13

Lang-neus. Long-nez, de la Baye Portugaise. Il est mol et maigre. Il y en a de diverses especes.

14

Possje, peu commun et excellent à la Rique.

15

Klip-visch de Loeven. expliqué N° 5. Les Curieux de Hollande en ont plusieurs de cette espece. On en reconnoit la forme: mais les couleurs sont mortes et eteintes sansqu'on puisse les conserver dans le trajet d'un si long voyage après la mort du poisson.

16

Douwing-Admiral. C'est un prodige que la merveilleuse diversité et bigarrure de cette espece de poisson, dont on pêche plus de trente sortes differentes à Amboine. distinguez sous les noms de Roval. Imperial. Duc. Duchesse. Marquis. Comtes. Barons. et autres noms de dignitez, &c. Sa chair comme celle du veau. On l'accommode à toutes sauces, mais particulierement en guise de fricassée de poulets.

17

Goujon rayé d'Amboine. assez bon, mais fort petit.

18

路易斯·里纳德与
他的奇异动物之书

撰文 / 麦·查拉曼·雷特梅尔

作者

Louis Renard，1678—1746

路易斯·里纳德

书名

Poissons, écrevisses et crabes, de diverses couleurs et figures extraordinaires, que l'on trouve autour des isles Moluques et sur les côtes des terres australes

（*Fishes, crayfishes, and crabs of diverse colors and extraordinary forms, which are found around the islands of the Moluccas and on the coasts of southern lands*）

《摩鹿加群岛周围与南部岛屿海岸上发现的颜色形态各异的鱼、小龙虾与螃蟹》（以下简称《鱼、小龙虾与螃蟹》）

版本

Amsterdam: Chez Reinier & Josué Ottens，1754

（左图）虽然这些图有许多着色和解剖学上的错误，不过其中描绘的许多样本都能被鉴定为真实存在的物种。在这幅彩图中，所有的样本都能被辨别至属，有些甚至都被鉴定至种。

　　《鱼、小龙虾与螃蟹》是由路易斯·里纳德在 1718 年或 1719 年首次出版的，当时东印度群岛的海洋动物还鲜为人知。它是已知最早的关于鱼类的彩色出版物，也是 18 世纪科学文献中的重要部分，那是知识启蒙的新时代。

　　1678 年左右，路易斯·里纳德出生于法国一个胡格诺派教徒的家庭中，他们最终逃往荷兰以躲避宗教迫害。里纳德 1699 年定居在了阿姆斯特丹，并成为瓦隆教会（法国归正教会）的一名成员。令人遗憾的是，我们对他的幼年时代或受教育状况知之甚少。1703 年，他获得阿姆斯特丹的市民身份，并于同年娶了杰曼·德·拉·弗耶（Germaine de la Feuille）。在他岳父丹尼尔·德·拉·弗耶（Daniel de la

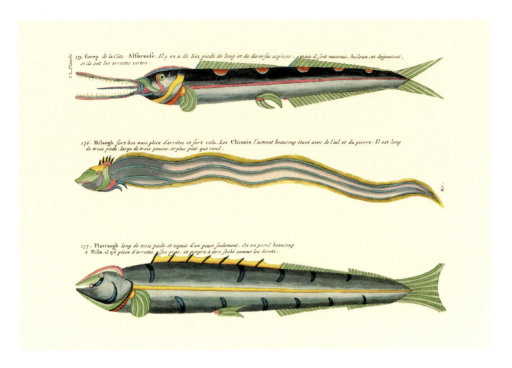

有些物种是根据其可食用性来描述的，并附有食谱。比如说，赤刀鱼被描述为"非常好吃，但是多刺又多棘。中国人非常喜欢用大蒜和胡椒来蒸这种鱼吃"。

Feuille）的影响下，里纳德最终成为一名书商兼出版商。在 1704—1724 年，里纳德名下出版了一系列作品，其中包括涉及时事的出版物以及大篇幅地图册。他为后者提供了文本，其中还有一份展现"世界各地"的海图册。在他的所有出版物中，《鱼、小龙虾与螃蟹》是内容最充实的。

这部两卷本的作品全名是《摩鹿加群岛周围与南部岛屿海岸上发现的颜色形态各异的鱼、小龙虾与螃蟹》，全书有 100 多页，其中包括 460 幅手工着色的铜版画。每个部分都有副标题。《印度海域稀有物种的自然史》（*Natural history of the rarest curiosities of the seas of the indies*）——是这部作品广为人知的另一个书名。

奇妙的是，里纳德在献辞中将自己称作"英国王室的神秘代理人"。他主要受雇于乔治一世和乔治二世，任务包括搜索离开阿姆斯特丹的船只，防止武器被运送到詹姆士·斯图亚特（James Stuart）手中——后者是罗马天主教中对英国皇位的"老觊觎者"，从而协助保证新教的继统。由于他的角色很难说是"神秘的"，他可能认为透露这一点能吸引注意力，并有助于书籍大卖。

De Groote Tafel-visch *Poisson desiné à l'Isle de Hila proche d'Amboine. Il est très-excellent et pesoit environ 20 à 25 Livres. Il a le goût du Turbot. Les Curieux de Hollande comme Messieurs Widsen, Scott, Rhus, Scheynvoet, Vincent &c ont fait venir des Indes et conservent dans leurs Cabinets plusieurs especes de cette sorte de Poisson, mais petits, les uns sechez et d'autres dans des bouteilles d'esprit de vin : mais leurs plus belles couleurs se sont perdues. Elles se fannent comme les fleurs quand le pois son est hors de l'eau.*

1. Planche.

Nº 1

Sc. H. G. 44

De Spits-Neus. *Bon poisson de Hila et d'Amboine : j'ai dessiné celui-ci par préférence à une infinité d'autres, dont les couleurs etoient moins belles.*

2

3

3. Ican Suangi

On en pêche beaucoup au Detroit de Baouewall, et ils sont tous si beaux et si variez dans leur forme et couleurs que cela est incroyable. J'en ai dessiné plusieurs successivement à mesure qu'on me les a fait pour et il auroit fallu en peindre plus de mille pour representer leur prodigieuse varieté. Ce poisson ne peut vivre une minute hors de l'eau. Il a les arretes et les piquants venimeux. On en prend quelquefois qui au lieu de Naseoires, ont de grosses touffes de fillets de diverses couleurs a peu près comme les houpes a poudrer. Les curieux en ont de plusieurs sortes dans leurs Cabinets.

A

书中仅有的文字是出现在插画上的雕版文字。与插画一起刻在雕版上的文字相当罕见，因为雕刻师需要将反转的文字刻在铜版上。

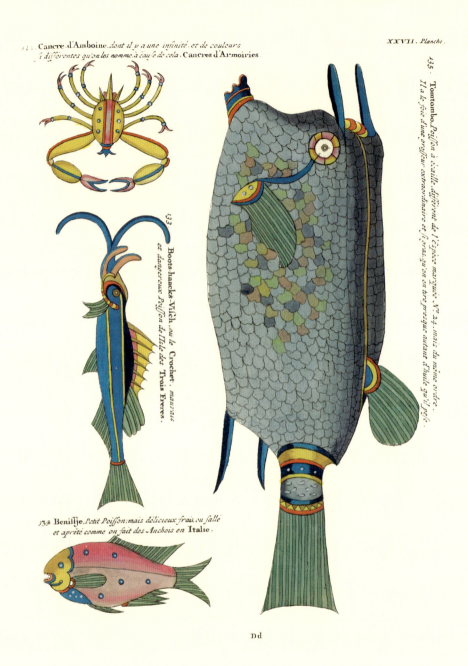

132. Cancre d'Amboine, dont il y a une infinité, et de couleurs
si différentes qu'on les nomme à cause de cela, Cancres d'Armoiries.

135. Toutombo, Poisson à écaille, différent de l'espèce marquée, N° 24, mais du même ordre.
Il a le foie d'une grosseur extraordinaire et si gras, qu'on en tire presque autant d'huile qu'il pese.

133. Boots-haacks-Vlich, ou le Crochet, mauvais
et dangereux Poisson de l'Isle des Trois Freres.

134. Benissje, Petit Poisson; mais délicieux frais, ou salle
et apprété comme on fait des Anchois en Italie.

Dd

我们可以轻易辨认出图中是一只角箱鲀（*Lactoria cornuta*），它有两对像奶牛或公牛那样的
长角。就像这一科中所有的物种一样，它也有六边形或蜂巢状的鳞片，它们组成了立体的箱
盒般的护甲，鳍与尾巴从中凸出来。

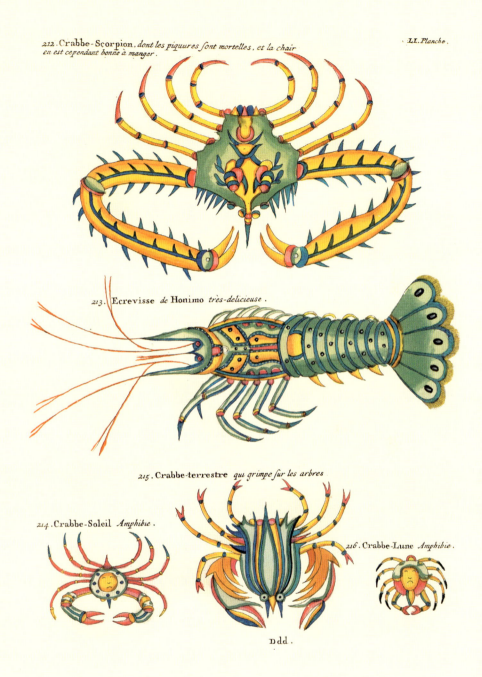

212. Crabbe-Scorpion, *dont les piquures sont mortelles, et la chair en est cependant bonne à manger.*

LI. Planche.

213. Ecrevisse *de Honimo très-delicieuse.*

215. Crabbe-terrestre *qui grimpe sur les arbres*

214. Crabbe-Soleil *Amphibie.*

216. Crabbe-Lune *Amphibie.*

Ddd.

尽管里纳德宣称其作品是真实可靠的，但很明显，许多插画都是夸张的形象。可以看到有些蟹壳上画着微小的人脸。

Baard Mannetje.

31

Gravinne.

33

Troutoen.

32

Ekor-Kouning.

35

Douwing Formosa.

34

Douwing Color.

37

Idombabi.

36

Coitade.

39

Nanourang.

38

这些书卷中出现的物种常用名混合了好几种语言，包括荷兰语、法语、马来语以及一些地方方言。

该书有三种已知版本。里纳德在 1718 年或 1719 年出版了第一版，据说这个版本只印制了 16 份。第二版于 1754 年由阿姆斯特丹的赖尼尔（Reinier）和奥滕斯（Ottens）出版，和第一版几乎完全一样。这个版本的发行量只略微多了一点点，印制了 34 份，其中包括美国自然博物馆的这一份，它被装订成了一整卷。第三版也是最稀有的版本，于 1782 年由乌特勒支和阿姆斯特丹的亚伯拉罕·凡·帕登伯格（Abraham van Paddenburg）与威廉·霍特洛普（Willem Holtrop）出版，据说只发行了 6 份。由于极其罕见，这个版本中的各分卷从未被集齐。

几乎所有的插图画的都是东印度群岛的热带物种，包括 415 种鱼类和 41 种甲壳类动物。里纳德不像其他博物学家，他从未离开过荷兰去观察并收集书卷中描述的这些物种。相反，正如他在引言中写到的一样，他的图画是复制的，原图来自安汶岛（摩鹿加群岛）的荷兰总督巴尔塔萨·柯伊特（Baltazar Coyett），以及柯伊特的继任者阿德里安·凡·德·斯戴尔（Adriaen Van der Stel）。这两位总督都是荷兰东印度公司的职员，他们对自然历史有着浓厚的兴趣，并热衷于委任当地艺术家描绘当地的植物与动物。这些画作中有许多作品都来自一位名叫塞缪尔·弗尔奥特（Samuel Fallours）的荷兰艺术家，他也是荷兰东印度公司在安汶岛的士兵。鉴于市场对所有"稀有珍品"的高需求量，弗尔奥特雇佣当地艺术家大量复制他的作品，然后卖给欧洲收藏家。他也复制其他艺术家的画作，这就导致出现了几套相似的画作，它们成为好几种 18 世纪荷兰出版物的依据，其中就包括里纳德的这本《鱼、小龙虾与螃蟹》。

在此之前，欧洲人只见过《鱼、小龙虾与螃蟹》中许多物种的干燥或浸泡标本，他们对其自然色彩缺乏认识，因为生物死后就会迅速褪色。当时一场运动正蓬勃发展，它认为科学调查应基于直接的观察与推论，于是，作为运动的一分子，里纳德认为有必要为他的作品提供证词，以防有人质疑原图中所描绘的鲜艳色彩。但不管他是如何声明的，该书中没有一幅插图完全正确地描述了任何一种生物，而且大部分的简介几乎都是杜撰的。

虽然大多数版画在科学意义上都是不正确的，但它们也不算是虚构的。鱼类学者希欧多尔·W.皮奇（Theodore W. Pietsch）在 20 世纪后期曾彻底研究过这本书，发现其中只有约 9% 的插图可能算是真正虚构的种类。因此，皮奇宣称"若是将这本书视为毫无科学贡献的废品，那就大大贬低了它的价值"，因为它"使我们得以一窥科学在 17 世纪晚期与 18 世纪早期的迷人风采"。

麦·查拉曼·雷特梅尔（Mai Qaraman Reitmeyer）

美国自然博物馆学术图书馆馆员

罗塞尔·冯·卢森霍夫和他的《本土蛙类自然史》

撰文 / 达雷尔·弗洛斯特

作者

August Johann Rösel von Rosenhof，1705—1759

奥古斯都·约翰·罗塞尔·冯·卢森霍夫

书名

Historia naturalis ranarum nostratium in qua omnes earum proprietates, praesertim quae ad generationem ipsarum pertinent, fusius enarrantur

（*Natural history of the native frogs in which all things peculiar to them, especially those that pertain to their reproduction, are extensively explained*）

《本土蛙类自然史》

版本

Nuremberg: Johann Joseph Fleischmann，1758

（左图）这是手工着色的卷首雕版插图，我们可以在前景中看到一只火蝾螈（*Salamandra salamandra*）；玫瑰茎上是一只捷蜥蜴（*Lacerta agilis*）；从玫瑰丛中倒吊下来的是欧洲树蛙（*Hyla arborea*）；水中是两只池蛙（*Pelophylax lessonae*）和一只林蛙（*Rana temporaria*）；还有一只黄条蟾蜍（*Epidalea calamita*）蹲在石碑的阴影里，石碑上铭刻着拉丁文，意为"我国蛙类的自然史"。

奥古斯都·约翰·罗塞尔·冯·卢森霍夫因其细致的观察与高度精确的插图，成为早期博物学家和自然史艺术家中的翘楚。他的《本土蛙类自然史》至今仍然是史上插画最精美的自然历史书籍。他生于奥地利的一个贵族家庭，这个家族于 16 世纪的宗教改革期间迁至纽伦堡地区，并于 1628 年由圣罗马皇帝斐迪南二世（Holy Roman Emperor Ferdinand II）擢升为二等贵族，为王族服务。这意味着罗塞尔完全有资格在自己的名字中加上"冯·卢森霍夫"，不过他直到人生的最后六年才这样做。

奥古斯都·约翰·罗塞尔是在德国公国阿恩施塔特－施瓦茨堡的阿恩施塔特附近出生的。他的祖父弗朗兹·罗塞尔（Franz Rösel）是一位动物与风景画家，他的叔叔威尔海

Tab. XIII.

池蛙的侧面图以及抱合、产卵和受精图。

姆·罗塞尔（Wilhelm Rösel）也一样。奥古斯都幼时就父母双亡，他的祖母接管了他的教育。1720 年，当她发现这个年轻人的艺术天赋时，立刻将孩子送去他叔叔那里学习，当时的威尔海姆·罗塞尔·冯·卢森霍夫早已是一位知名的艺术家了。随后，在 1724 年，奥古斯都到纽伦堡的约翰·丹尼尔·普雷斯勒（Johan Daniel Preisler）手下做了两年学徒，以进一步提升自己的艺术水平。到了 1726 年，他成为一名肖像画及微型画画家，在哥本哈根的丹麦王宫中做了两年画师，又于 1728 年返回纽伦堡。

这一次在纽伦堡，有人向他推荐了玛丽亚·西比拉·梅里安精美的《苏里南昆虫生活史图谱》，受该书启发，他开始研究德国的昆虫种类，并创作了一部相似的作品。这份对自然世界的着迷主宰了他的余生，他尤其痴迷于昆虫、两栖动物和爬行动物的自然史。

1737 年，奥古斯都与伊丽莎白·玛利亚（Elisabeth Maria）成婚，她是外科医生、生理学家兼诗人迈克尔·伯特伦·罗萨（Michael Bertram Rosa）的女儿。奥古斯都的艺术天赋使他能凭借作画过上舒适的生活，于是他利用空余时间观察自然界中的昆虫、两栖动物和爬行动物。他收集昆虫和两栖动物的卵与幼体，以研究它们的发育与变态过程。他细致的观察结果因其优美的绘图而更具价值，这些优美的画作被收入两部多卷本巨著中——一部是关于昆虫的，另一部是关于蛙类的。

第一部分《月度昆虫狂欢》（*Der monatlich-herausgegeben Insecten-Belustigung*）于 1740 年出版，之后的四部分也相继问世。最后一部分是在作者逝世后的 1761 年出版的。作品以其优美的插画，还有对昆虫描述及分类的科学方法而闻名遐迩。因此，罗塞尔被视为德国昆虫学的奠基人之一。

1753 年，也就是他把"冯·卢森霍夫"加到名字上的那一年，他出版了第二部主要作品的第一部分，也就是《本土蛙类的自然史》，著作最终于 1758 年完成。这部著作的卓越品质，尤其是它的插图，使它成为两栖动物专著中最优美的作品之一。版面被设计成双栏，一栏是德文，另一栏是拉丁文，详细地描述了所有德国青蛙与蟾蜍的自然历史。先不论文本的价值，更有意义的是 24 幅对开页铜版画。插图所展示的内容包括其栖息地、生殖行为、解剖制备、个别器官、骨骼以及幼体发育的不同阶段。所有的插画在细节、构图与美丽的色彩上都展现出了极高的艺术价值。每幅插图都会出现两次：一幅是黑白的，上面有与文本描述对照的数字标签；另一幅是彩色的，没有标注数字。

与同时期同类型的其他书籍相比，这部著作洋洋洒洒、详尽准确的信息可谓冠绝一时。举例而言，马克·凯茨比（Mark Catesby）在 1754 年出版的《加罗林岛、佛罗里达、巴哈马群岛的自然史》（*The natural history of Caroline, Florida, and the Bahama*

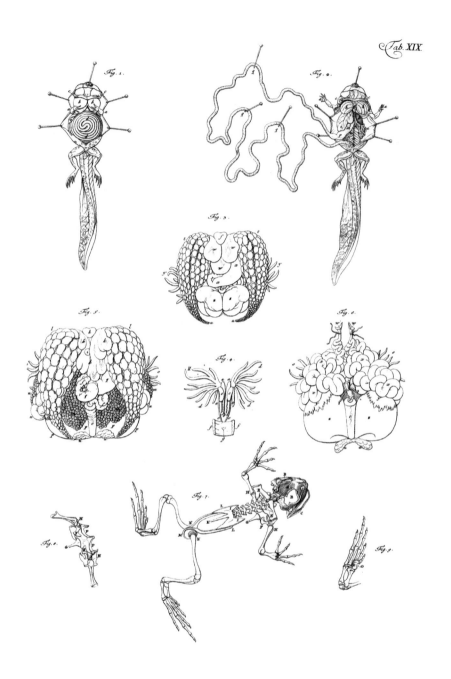

Tab. XIX.

为了指明彩图中的特征，另附了黑白"标注"图，不同的图形标上了数字，而且结构特征也标上了与文本对应的字母。两张图谱几乎完全相同，但它们肯定是以不同的雕版制作的。这些插图描述了棕色锄足蟾的解剖结构、内脏及骨骼。

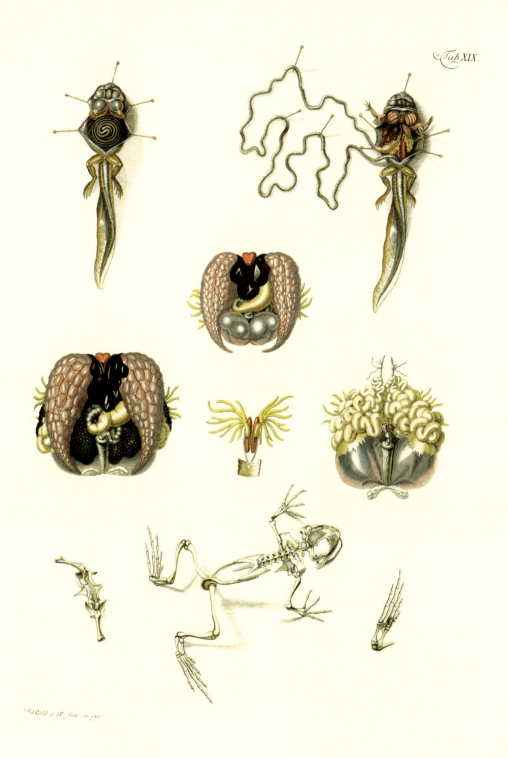

Tab.XIX

63 罗塞尔·冯·卢森霍夫和他的《本土蛙类自然史》

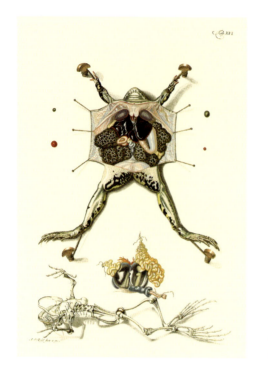

可食侧褶蛙的解剖图，展示了卵块、肝、肺、心脏和胃。下方展示的是卵巢、输卵管和相连的脂肪，还有解剖后的骨骼结构。

Islands）中，插画上的两栖动物画得不切实际，而且常常无法辨认。阿尔伯特·西巴 1734 年的《知识宝库》是那个时代的典型作品，内容良莠参半，有对实际生物的精确描述，也有根据传闻或杜撰的物种的插画。就连 1758 年卡尔·林奈代表性的物种名录《自然系统》（Systema naturae）也不外如是，除了极少量对差异性的阐述外，书中几乎没有什么有益的信息。对于开启正确观察两栖动物生活史的新时代，罗塞尔关于德国蛙类的著作有极重要的实际意义。

罗塞尔·冯·卢森霍夫描绘的一些蛙成了德国很多种蛙类的模式标本——这些物种的名称是动物命名法规中该物种命名的依据。比如 1768 年劳伦特（Laurenti）命名为 Bufo calamita，如今种名为 Epidalea calamita 的黄条蟾蜍，其学名源于《本土蛙类的自然史》彩图 24 中的标本；1768 年劳伦特命名为 Bufo fuscus，如今学名为 Pelobates fuscus 的棕色锄足蟾是以彩图 17 和 18 中的标本为命名依据；1758 年林奈命名为 Rana esculenta，如今学名为 Pelophylax kl. esculentus 的可食侧褶蛙名称则是以彩图 13、14 以及卷首插画中的标本为命名依据。

棕色锄足蟾的生长过程，从新孵出的幼体到幼蛙。

罗塞尔·冯·卢森霍夫随后又开始创作另一本关于蜥蜴和蝾螈的作品——当时人们认为这两类生物血缘相近，但他在 1759 年 3 月 27 日突然死于中风，没能完成这部作品。

达雷尔·弗洛斯特（Darrel Frost）

美国自然博物馆脊椎动物学分部两栖爬行动物部馆员

Marmoris fiffilis fodina
prope Solenhofen in
Marchionatu Onoldino.

来自索尔霍芬的克诺尔化石宝库

撰文 / 尼尔·H. 兰德曼

作者

Georg Wolfgang Knorr，1705—1761

乔格·沃尔夫岗·克诺尔

书名

Recueil de monumens des catastrophes que le globe terrestre a éssuiées, contenant des pétrifications dessinées, gravées et enluminées d'après les originaux, commencé par feu mr. George Wolfgang Knorr, et continué par ses Héritiers avec l'histoire naturelle de ces corps par mr. Jean Ernest Emanuel Walch

〔*Collections of remains from the catastrophes that earth has sustained, containing petrifications drawn, engraved, and illuminated from the originals, begun by the late Mr. Georg Wolfgang Knorr and continued by his heirs, with a natural history commentary by Mr. Jean Ernest Emanuel Walch*〕

《劫后遗骸收藏》

版本

Nuremberg:【s.n.】1768—1778

（左图）手工着色的卷首雕版插画，描绘了索尔霍芬的一家石灰岩采石场。图中展现了 18 世纪矿工的着装，右下方的外框上坐着艺术家的身影——也许是克诺尔的自画像。

艺术家兼自然科学家乔格·沃尔夫岗·克诺尔 1705 年出生于德国纽伦堡。美国自然博物馆的图书馆中藏有一套他的地质学巨著《劫后遗骸收藏》。这部多卷著作是扩充后的版本，较早的德语版名为《自然奇观与地壳古物收藏》（*Sammlung von merckwürdigkeiten der natur und alterthümern des erdbodens*）。大篇幅扩充的法语版中包括 274 幅彩图，手工着色，展现了矿物、植物以及脊椎动物和无脊椎动物的化石。科学性的文字内容由简·欧内斯特·伊

乔格·沃尔夫岗·克诺尔的雕版肖像画，
选自《劫后遗骸收藏》。

曼纽尔·沃尔克（Jean Ernest Emanuel Walch）撰写，他负责在克诺尔死后继续完成这部作品。这部著作完成时足有四卷，初版于 1755 年在德国发行，并以法文和荷兰文再版。

克诺尔的出生地邻近欧洲富产化石的地点之一，这些化石都出现在了他的彩图上。头足类动物尤其占据了大幅版面，它们主要是中生代的菊石。这个地质时代约始于 2.5 亿年前，当时的欧洲大部分区域都被浅浅的海水覆盖着，海中栖息的各种各样的生物为这些地区的沉积岩留下了丰富的化石记录。

菊石属于软体动物中的头足纲。现代头足类动物包括外壳如珍珠般的鹦鹉螺、鱿鱼、乌贼和章鱼。和鹦鹉螺相似——但不同于鱿鱼，它们那已灭绝的亲属菊石也武装着由碳酸钙构成的坚硬外壳。这层外壳通常以螺旋状盘卷，上面点缀着由中心往外辐射的细长脊纹。菊石的外壳原本也许就如许多现代软体动物一样色彩鲜明，不过这种自然色几乎从未能保存下来。相反，大多数菊石的颜色反映了它们形成化石过程中的沧桑变化，比如说，有些菊石标本是黑色的，和埋葬它们的泥泞沉积物一个颜色，也就是如今

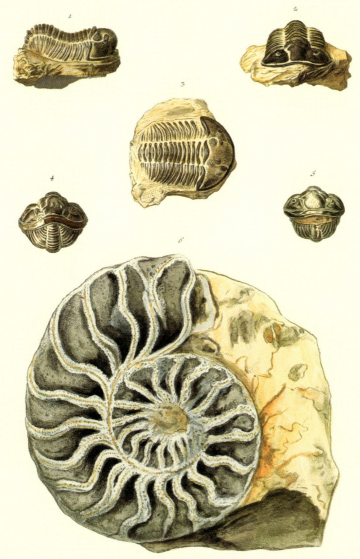

Fig. 1-5. Ex Museo doctiss. Andreæ, pharmacop. Hannoverani. Fig. 6. Ex Museo Excell. ac experientiss. D. Güntheri, Sereniss. Ducis Saxo-Coburg. medici aulici et practici civitatis Cahlensis.

J. A. Joninger fe. 205.

底部的标本是一个被切成两半的菊石，我们可以看到它中空的腔室，在这个生物活着时，这些腔室中充满了空气。

图中所有的标本都是菊石的一部分。那块长而弯曲的标本展示了可用以甄别其种类的复杂结构纹理。

来自索尔霍芬采石场的树枝石，让人联想到一片林地景观。

来自索尔霍芬采石场的甲壳纲十足目类化石。中间那个动物标本底下透出树枝石——形成蕨类状的黑色矿物。

它们所处岩石的颜色。

　　菊石最与众不同的特征之一，是它的外壳被分隔成了由小及大的一系列腔室，克诺尔的众多彩图中优美地展现了这一细节（见 69 页图）。在菊石还活着时，这些腔室中充满了空气，为这种在海底游动的动物提供浮力，这一点很像现代的鹦鹉螺。某些菊石种类的隔片变得错综复杂，在隔片与壳壁内侧接缝之处生成了盘绕精美的花纹（缝合线）（见 70 页图）。专家们根据这些精细的花纹将菊石区分成不同的族群。

　　克诺尔不仅是位科学家，还是位才华横溢的艺术家。他的作品中有一幅描绘得非常细致的插画，画的是德国富产化石的地点之一——纽伦堡附近的索尔霍芬采石场。采石场位于弗兰克尼亚高地南部。索尔霍芬岩是一块黄白色的石灰岩，其历史可追溯至侏罗纪（约 2.05 亿年至 1.45 亿年前），那时它正渐渐沉没在海滨的一个环礁湖中。占了卷首两个对开页的大型雕版插画以手工着色，优美地展现了 18 世纪矿业操作的一些非凡细节（见 66 页图）。

　　该地区的这一采石场与其他同类采石场已被开采了数千年。这块岩石因其易于沿水平面破开，长久以来都被当作建筑石材，它的德语名字"Plattenkalk"表现了这一特征，意为"板状石灰岩"。索尔霍芬石灰岩曾在德国的罗马遗迹中被发现，当时它被用于修建澡堂，这可谓是它魅力长存的证据之一。到了近代，它被用作铺路石以及当地民居的屋瓦。

　　带着对自然史的浓厚兴趣，克诺尔被索尔霍芬采石场中丰富的化石所吸引。这里的化石大都由海洋生物组成，包括鱼类、海百合、菊石、甲壳类（见 72 页图）、水母，还有鱿鱼。就菊石而言，尽管它原本的甲壳从未保存下来，不过大多数菊石的腔室内还是会留下其颚片。除了海洋生物外，索尔霍芬采石场也出产陆地生物的化石——其中最著名的是始祖鸟。这种动物的第一个标本是在 19 世纪中期被发现的，离克诺尔著作出版的时间已有约一百年。长久以来，始祖鸟都被视为鸟类与爬行动物间进化链遗失的一环。但现在，在中国又发现了几种带羽毛的恐龙，这使得历史愈加扑朔迷离。无论如何，始祖鸟仍然是古生物学中最具象征性的化石。想想看，克诺尔若是知道，正是在他经常造访并绘入其著作的同一个采石场中发现了始祖鸟化石，该有多么激动！

尼尔·H. 兰德曼（Neil H. Landman）
美国自然博物馆古生物学分部馆员

Neues
Systematisches
Conchylien Cabinet

geordnet und beschrieben

von

Fried: Heinrich Wilhelm Martini
der Arznengelahrtheit Doktor und Practicus

in Berlin.

Nürnberg
bey Gabriel Nikolaus Raspe.

马提尼和开姆尼斯的
软体动物百科全书

撰文 / 路易丝·M. 克劳利

作者

Friedrich Heinrich Wilhelm Martini，1729—1778

弗里德里希·海因里希·威廉·马提尼

Johann Hieronymus Chemnitz，1730—1800

约翰·耶罗尼米斯·开姆尼斯

书名

Neues systematisches conchylien-cabinet

（*New systematic shell-cabinet*）

《贝类新分类全书》

版本

Nürnberg: Nicolaus Raspe，1769—1829

（左图）《贝类新分类全书》第一卷中手工着色的铜版卷首插画，1769 年印刷出版。扉页上分别指明了作为作者和出版商的马提尼与拉斯普（Raspe），它描绘了一幅奇异的画面，画中海神被美人鱼托起，马儿在后面拉着一辆"贝壳"战车。

　　《贝类新分类全书》是关于贝类最具象征性的巨著之一，也是软体动物学术著作中最有名的一部。这一丛书是同类书籍中最早的一部，书中有四千多幅贝类插图，展示了软体动物的各色形貌，其中许多种类是首次入画并以文字描述的。这部作品介绍了所有已知的软体动物种类，就那个时代而言，其兼容并包的全面性令人难以置信。它内容的详尽与条理的清晰程度在当时可谓冠绝一时。除了对每种软体贝类详细介绍外，作者还引用了年代更早的一些著作，其中包括最著名的一些作品，作者有卡尔·林奈、乔格·沃尔夫岗·克诺尔、格奥尔格·艾伯赫·郎弗安斯（Georg Eberhard Rumphius）和阿尔伯特·西巴。同样令人惊艳的是那些精心雕版、手工着色的精美插画。还有散布在书中的装饰图案，它们或令生物呈现出更栩栩如生的姿态，或鲜明地衬托出贝类生物的内部细节。书中的色彩至今都鲜活如生，并且与实际颜色相符——马提尼以实事求是的态度绘制这些标本，而非仅仅是为了颜色美观。

这套丛书是一项由柏林内科医生弗里德里希·海因里希·威廉·马提尼发起的大工程。马提尼 1729 年出生于奥尔德鲁夫，那是哥达区的一个小镇。他最初学习神学，但很快就转而学习医学了。他对与自然科学相关的一切都怀抱着浓烈的激情与热爱，总是不知疲倦地向公众传播科学知识。为此，他创办了几本杂志——包括《柏林杂志》（*The Berlin Magazine*）和《纷繁》（*Manifolds*），并将伟大的法国博物学家乔治-路易·勒克莱尔·布丰[1]的许多作品翻译成了德文。

马提尼在研究贝类的过程中获得了无尽乐趣，他相信一本条理分明、篇章有序的贝类图集将是极具吸引力的。在 1769 年第一卷出版之前，他花了整整八年时间准备这一巨著。马提尼研究他自己以及皇家科学艺术学院中收藏的标本，他试图以文字描述并画出每一种已知的以及之前未知的软体动物。这些贝类并不是以系统的生物分类法排列的，而是根据外形的相似性排列，从较简单的形态渐进到复杂的形态。马提尼没能实现他的抱负，在第三卷出版的两年后他就逝世了。

在他去世后，继续完成这一著作的任务落到了约翰·耶罗尼米斯·开姆尼斯的肩上。开姆尼斯 1730 年生于德国的马格德堡，被称为"丹麦传教士"。他是要塞驻军的随军牧师，所经之地有维也纳、埃尔西诺，最后是哥本哈根。在完成牧师职责之外，开姆尼斯还是位热忱的贝类收藏家，并发表过一些关于贝类学的文稿。他是柏林自然史协会（Natural History Society）的成员，这个协会正是由马提尼创立的。

开姆尼斯郑重地担负起了他的领导角色，并于 1780 年出版了《贝类新分类全书》的第四卷。当他于 1800 年在哥本哈根去世时，他已经又出版了 8 卷，并且正在着手第九卷的写作工作。在开姆尼斯出版的书卷中，大部分贝类标本都来自他自己庞大的收藏以及洛伦兹·斯彭格勒（Lorenz Spengler）的藏品，后者是丹麦宫廷的一名车工——在车床上翻转木材为之塑形的工匠。斯彭格勒是开姆尼斯的密友，他列入书中的诸多贝壳如今都陈列在哥本哈根大学的动物博物馆中。开姆尼斯也收录了欧洲皇室所收藏的贝壳，

---

[1]乔治-路易·勒克莱尔·布丰（Georges-Louis Leclerc Buffon，1707—1788），法国博物学家、数学家、生物学家、启蒙时代著名作家，著有《论自然史的研究方法》《自然通史》等作品，后者包含了当时欧洲自然界所有相关知识。其思想影响了之后两代的博物学家，包括达尔文和拉马克。

„ lasten sie ihre Kammern vom Wasser und bringen Luft hinein. Nun stei-
„ gen sie mit aufwärts gerichtetem Kiel in die Höhe, wenden sich und stellen
„ da ihre Fahrt an.

Auf dem Grund bringen sie die meiste Zeit zu, und gerathen daselbst bis-
weilen in die Fischkörbe, wodurch man das Schiff mit dem Steuermann zu-
gleich erhalten kann. Die geringe Bevestigung dieser wehrlosen Thiere an ih-
ren Schaalen und der Mangel eines Deckels, läst sie leicht den Krabben,
Seehunden und Krokodillen zum Raub werden.

Ihr Fleisch ist härter und schwerer zu verdauen, als am vorigen Kuttel-
fisch, doch wird es bey den Indianern, wie andere Seethiere, zu einer nahr-
haften Speise gebraucht.

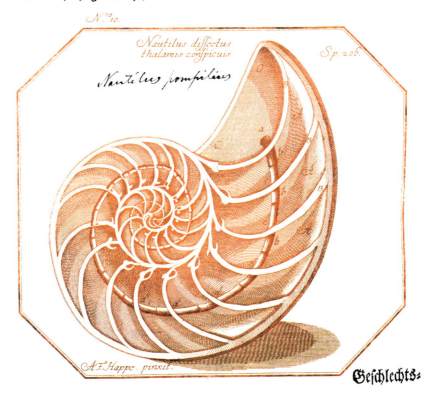

以红色油墨印刷，A.F.卡普（A.F.Kappe）署名，他是较早篇章中的主要插画家之一。这幅插画是众多雕版插画之一，它展现了鹦鹉螺的内部结构。

Tab. CXXXIV.

Geſtreiffte Kinkhörner.
Buccina 2, Striata.

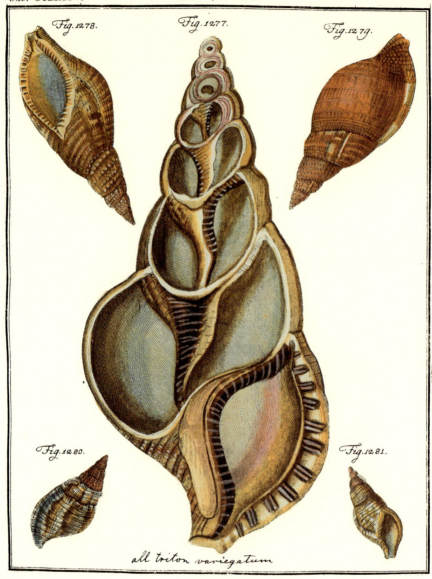

Fig. 1278. Fig. 1277. Fig. 1279.

Fig. 1280. Fig. 1281.

all triton variegatum

这幅铜版画图版展现的是梭尾螺（*Triton variegatum*），图中从五个不同的角度展现了它的形貌。它被归为大法螺属，最初由拉马克在 1816 年命名。

Fig. 524.

arca tortuosa Lin.

Fig. 525.

Fig. 526.

Fig. 530. arca ventricosa Lam.

Fig. 531. lit. a.

Cucullæa auriculifera, Lam.

Fig. 528.

Fig. 531. lit. b.

Fig. 529. arca Noæ, Lin.

Arca domingensis, Lam.

Fig. 527.

cucullæa auriculifera Lam.

这幅图版名为"锯齿绞合的贻贝",即最初由林奈和拉马克描述的双壳类。

Voluta magnifica

Fig 1694.

铜版插画展现的是华丽涡螺（*Voluta magnifica*），由加保尔（Gebauer）于1802年命名，它被归为涡螺属。页面侧边的标签表明正文文本和插图是相互对应的。

其中包括丹麦国王弗雷德里克五世（King Frederic V），以及奥地利女皇玛丽娅·特蕾莎（Maria Theresia）。

作为参考资料，这部巨著的重要性因为一个问题而大打折扣——在前 11 卷中，无论是马提尼还是开姆尼斯都没有采用双名法为新物种命名。生物学双名法是一个为物种命名的正规系统，1758 年由林奈提出。依据这一命名系统，每种生物的学名都有两个部分，先是其所属的属名，再加上其种名（种加词），这一系统如今仍在使用。但由于这部著作中未采用这种命名方法，导致其对物种所有的新描述都被视为无效。我们并不清楚作者们为什么没有选择这一命名法，因为两位作者在书卷中都展示了众多林奈所命名的物种。不过无论如何，这部作品还是有其实用性，可以作为众多软体动物标本的参考资料。而且，林奈、约翰·弗雷德里希·格梅林（Johann Friedrich Gmelin）和让－巴蒂斯特·拉马克（Jean-Baptiste Lamarck）都常常在他们出版的新物种描述中参考马提尼绘制的插图。

这套百科全书由海因里希·库斯特（Heinrich Küster）继续完成，他于 1837 年开始编辑更大篇幅的版本，名为《贝类分类全书》（*Systematishces conchylien-cabinet*）。这部作品的著述工作断断续续，直至 1920 年才由他人续写完成。

路易丝·M. 克劳利（Louise M. Crowley）
美国自然博物馆无脊椎动物学分部博士后研究员

Tab XII
LIBELLULÆ, Wings expanded

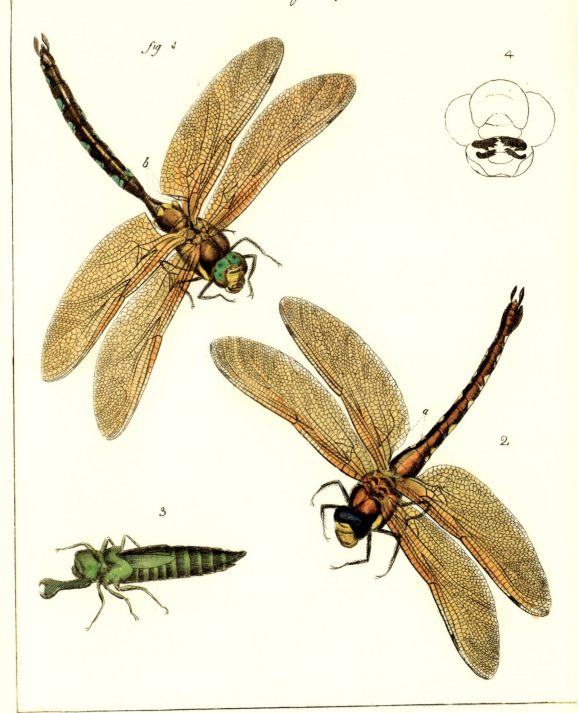

摩西·哈里斯：
博物学家和艺术家

撰文 / 大卫·格里马尔迪

作者

Moses Harris，1731—1785

摩西·哈里斯

书名

The Aurelian, or natural history of English insects...

《英国昆虫研究集锦》

版本

London: Printed for the author，1766，增订版出版于 1778 年

书名

An exposition of English insects...

《英国昆虫一览》

版本

London: Printed for the author，1776

书名

Exposition of English insects...

《英国昆虫博览》

版本

London: Sold by Mr. White & Mr. Robson，1782

（左图）选自 1782 年的《英国昆虫博览》。两只蜻蜓成虫与一只蜻蜓稚虫。

摩西·哈里斯是 18 世纪的一位博物学家兼艺术家，他专注研究英国昆虫，常被视为第一位英国昆虫学者。他事业的腾飞基于 1766 年出版的《英国昆虫研究集锦》，这部对开页作品主要介绍的是鳞翅目昆虫的生活史。书中以插图的形式讲解了收集与保存昆虫标本的方法。不过，令人印象最深

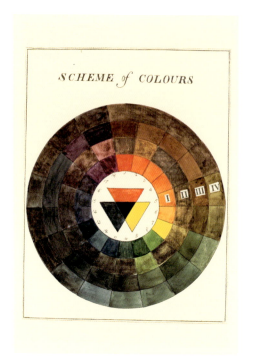

1782年《博览》中的色轮。哈里斯色轮（现代色轮）的手绘初版本。

刻的是该书对蛾类与蝴蝶的详尽描述，并介绍了它们以本土寄主植物为食的幼虫，有时甚至会描述它们的卵、排泄物以及寄生其稚虫的微型寄生蜂。哈里斯是一位观察力敏锐的博物学家，他不仅区分了蛾与蝶的不同类群，还研究了它们的生活史。

当时制作插图的方法是手绘的雕刻铜版画和蚀刻铜版画，其制作过程需要大量的时间、高超的技艺和昂贵的花费。为了支付出版经费，哈里斯将《集锦》的大多数插画都题献给了富裕的赞助者——在每幅插画上加上了伯爵、公爵、男爵和其他贵族的家族徽章。全书以英语和法语写成，法语在当时是贵族语言。一幅插画被题献给了瑞典科学家卡尔·林奈，他是现代物种命名系统的创立者；另一幅插画被献给了德鲁·德鲁里（Dru Drury，1725—1803），他是哈里斯的"捐

助者"。昆虫学家德鲁里原本是一位银器匠，他拥有11 000只昆虫标本的私人收藏，是当时最庞大的收藏系列。德鲁里被《集锦》深深触动，于是委任哈里斯为他自己的三卷本《自然历史图解》（*Illustrations of natural history*，出版于1770—1782年）制作插图，这部作品描述了超过240种异域昆虫，包括非洲的大王花金龟，这是这种昆虫首次在出版物上亮相。

在18—19世纪，作者委任艺术家为作品绘制插画是件很平常的事。而哈里斯的与众不同之处就在于他画技娴熟，能为自己的作品绘制插画。在描绘蝶翅和甲虫鞘翅上的无数种颜色及虹彩时，哈里斯精益求精，采用了一种简便的混合颜料与色彩命名的复制系统。他的色彩系统以三原色红、黄、蓝为基础，这三种颜色被安置在一个圆盘的中心，而后以不同的色度与组合往外同轴层层渐变。这正是现代"色轮"的原型，因此通常也被称为哈里斯色轮。

哈里斯色轮的首张印刷图出现在1776年出版的《英国昆虫一览》上，这部作品极

选自 1766 年的《集锦》。图中展示了数种蛾类的生命周期，主要是天蛾科的某个种类。图中绘有它们的卵、稚虫、寄主植物、蛹，甚至绘出了标本展翅的方法。

　　　　摩西·哈里斯：博物学家和艺术家

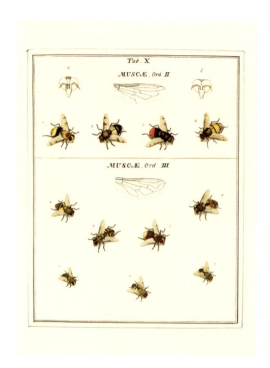

选自1776年的《英国昆虫一览》。图版中是双翅目的花蝇或食蚜蝇，其中许多种类都很像蜜蜂和胡蜂。

其罕见、鲜为人知。与《集锦》相比，这本薄薄的《英国昆虫一览》可谓是一本真正的野外工作指南。书中只有10幅图版，每幅图版都包括多种物种，但没有寄主植物和其他装饰细节。在哈里斯随后那版篇幅更大、更知名的作品《英国昆虫博览》（出版于1782年）中，这10幅图版与他的色轮得以重印。当时的博物学家热衷于研究鳞翅目与鞘翅目，而哈里斯的作品代表了里程碑式的新开始，因其别具慧眼地囊括了其他物种，比如蜻蜓目（蜻蜓与豆娘）、半翅目（蝽）、膜翅目（蜜蜂）以及双翅目（蝇）。事实上，在《英国昆虫一览》的10幅图版中，有3幅描绘的都是双翅目昆虫，这的确令人吃惊。我自己也是位双翅目昆虫学家，所以当然非常欣赏哈里斯在昆虫学的早期对双翅目多样性的痴迷，尤其是在整个双翅目家族因为蚊子、虻以及其他吸血蝇类而声名受损，被人认为全是害虫的情况下。实际上，约15万种双翅目中，大部分对人类都没有直接影响，而且它们还担负着极其有益的生态功能，比如传粉。食蚜蝇在《英国昆虫博览》的两个版本中都是受欢迎的对象，直至如今，它们也仍然是众多英国自然主义者的宠儿。哈里斯的插图令人印象最深刻之处是其鲜活的色彩与精确的结构。在蝇类这样的小昆虫身体上，翅脉、刚毛和彩色花纹的绘制都具有令人讶异的准确度。昆虫们生动的姿态与光影跃然纸上，仿佛刚刚飞落一样。

大卫·格里马尔迪（David Grimaldi）

美国自然博物馆无脊椎动物学分部昆虫学科馆员

PL. XXXVII.

M. Harris ad Vivum Sculp.

To my Ingenous Friend and Benefactor M.ͬ Dru Drury This Plate is most Humbly Dedicated by his Obliged Servant Moses Harris

选自 1766 年的《集锦》。图中展示了死去的鬼脸天蛾，即赭带鬼脸天蛾（*Acherontia atropos*）以及它的成虫、稚虫和蛹。它的成虫会从蜂巢中偷取蜂蜜，受到侵扰时发出会吱吱声。

摩西·哈里斯：博物学家和艺术家

SOCIETATI REGIÆ LONDINI
GULIELMUS HAMILTON
BALN·ORD·EQUES·
D · D · D ·
CIƆIƆCCLXXIX·

和威廉·汉密尔顿爵士
一起观察维苏威火山

撰文 / 詹姆斯·韦伯斯特

作者

William Hamilton，1731—1803

威廉·汉密尔顿

插画

Pietro Fabris，1740—1792

彼得罗·法布里斯

书名

Campi Phlegraei: observations on the volcanoes of the Two Sicilies

《坎皮佛莱格瑞：观察两西西里王国的火山》

版本

Naples：【s.n.】1776

（左图）《坎皮佛莱格瑞》一书增补版（出版于1779年）的封面，描绘了维苏威火山从1777—1779年的数次爆发。和《坎皮佛莱格瑞》中所有插图一样，细致的雕刻线条和美丽的色彩让人觉得每一幅插图都是原画。

　　威廉·汉密尔顿爵士是位外交官，同时也是位多才多艺的学者、考古学家以及自然历史学家。他对火山岩与地貌的观察技巧日趋醇熟，这使他成为现场勘察意大利最大型火山的先锋人物。作为大英帝国派往两西西里王国的特命全权公使，汉密尔顿于1764—1800年出使那不勒斯王室。在驻意大利期间，他68次前往维苏威火山索马山[1]危险的陡坡进行考察，人们还常常发现他在火山喷发时登山观察。依据他的考察、现场收集的岩石以及利用望远镜进行的多次观察，汉密尔顿对火山做出了字斟句酌的描述。他将自己撰写

---

[1] 维苏威火山索马山（Mount Somma-Vesuvius）：当火山口发生新一轮喷发，并在其中形成新的火山锥后，原来的火山口边缘就变成一轮山脊，环绕着新火山锥，这轮山脊被称为外轮山，通称为Somma。维苏威火山在公元79年爆发后，就形成了外轮山，在当地被称为索马山（Mount Somma）。

这些风景插画中的汉密尔顿都穿着他标志性的户外红外套，正在观察那不勒斯附近的火山地带。1771年，在上图那令人惊叹的夜景中，维苏威火山索马山全面爆发，汉密尔顿护送西西里王室成员前来观察奔流的岩浆和火山灰升腾而成的浓云。

的资料结合优美的地质插画（包括不同的岩石样本、岩石露头、火山口和偶尔喷发的过程）于1776年出版成书，也就是《坎皮佛莱格瑞：观察两西西里王国的火山》（以下简称《坎皮佛莱格瑞》）。

汉密尔顿从事他的科学工作时，其身处的时期与地点从文化和地质角度上说都非常活跃。在18世纪的中晚期，考古学家们正在发掘公元79年因维苏威火山爆发而被埋葬的庞贝城与赫库兰尼姆古城。汉密尔顿对古城中修补复原的手工艺品极感兴趣。另外，在那个时代，对于研究火山的科学家而言并没有通用的专业术语，因为火山学在当时仅仅刚开始发展。而且，当时的维苏威火山索马山极度活跃，在汉密尔顿出使那不勒斯期间，它就爆发了三次。这些场景使他得以观察、收集样品，并描述爆发时不同的火山场景。在1776年维苏威火山爆发时，汉密尔顿针对地表形态的变化完成了大量第一手的测量与素描。

（上图）任何一座火山在百年间都极少爆发一次，因此火山学家日复一日的基本工作都是辨别与分析或新或古老的火山岩所讲述的故事。遵循这一方法，汉密尔顿与同行们分享他的观察与诠释，在这幅插图中展现了坎皮佛莱格瑞地区休眠火山与死火山的火山锥和火山口。

（下图）汉密尔顿走在崎岖不平的老索马山火山口山脊上，较年轻的维苏威火山锥正在背景中喷着烟。他认为这些特征证明了火山不仅仅是破坏性的，而且也是"火山形成的山峰"。

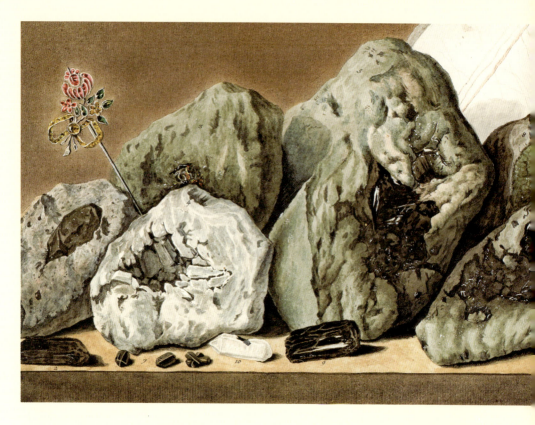

火山岩样品草图，在岩石表面和破开的火山岩内部可以看见矿物晶体。这些自然物标本间还有一支神秘的珠宝簪。

从历史角度上说，汉密尔顿未曾受过正式科学训练，而且在他的作品之前，对火山活动的早期诠释往往染上了宗教或鬼神的色彩。鉴于此，他的科学成就更具深刻意义。汉密尔顿独立地创建了他自己的方法论，系统描述了火山及其罕见而炫丽的喷发现象。

汉密尔顿这部对开页版本的著作最初是以学术信件的形式撰写的，这些信件在伦敦的皇家学会会议上被诵读。之后，这些信件被重新编排，结合那不勒斯湾的地质特征和54幅"令人愉悦"的手工着色插图出版，书名为《坎皮佛莱格瑞》。印刷好的书籍被分发给皇家学会的会员，并销售到了英国和法国。这部作品在当时可谓相当昂贵。

这些图画由那不勒斯艺术家彼得罗·法布里斯绘制，他总是伴随汉密尔顿一起进行地质探险。法布利斯画出的原图经过汉密尔顿详细审核之后，上色精描成水粉画。印刷过程包括铜版雕版，而后是手工着色。最初的雕版会被处理得较模糊，这样一来，在雕刻轮廓中填满水粉颜料后，印出的画面就会非常像原画。美国自然博物馆图书馆是在1919年从一位伦敦商人手中买下这套书的。

鉴于汉密尔顿的大量观察结果、描述以及栩栩如生的现场图画，在18世纪晚期维苏威火山爆发的相关领域，他的著述仍然被视作最可靠的资料来源。多年后，《地质学原理》(*Principles of Geology*)一书的作者查尔斯·莱尔(Charles Lyell)以《坎皮佛莱格瑞》为参考，研究维苏威火山及其爆发的特征与状况，他的作品是当时最杰出的地质学著作。虽然现代的火山学家能采用极其精妙的观察与分析科技研究地球，但是火山学的基础仍然是了解岩石与地形的特征以及如何诠释它们的来源——换句话说，汉密尔顿参与推动并与人享的这些专业技术，已得到了广泛的认可。

詹姆斯·韦伯斯特(James Webster)
美国自然博物馆自然科学分部地球与行星科学厅馆员

克拉默和斯托尔的著作：
蝶蛾学术领域不朽的贡献

撰文 / 詹姆斯·S. 米勒

作者

Pieter Cramer，1721—1776

皮埃特·克拉默

书名

De uitlandsche kapellen voorkomende in de drie waereld-deelen Asia, Africa en America

（*Exotic lepidoptera from three regions of the world, Asia, Africa and America*）

《异域鳞翅目昆虫：亚洲、非洲和美洲》

版本

Amsterlam: Chez S. J. Baalde，1779—1782

皮埃特·克拉默 1721 年生于阿姆斯特丹，是一个富裕的亚麻与羊毛商人，却对自然历史有着浓厚的兴趣。他的激情在于鳞翅目——蝶类与蛾类的学术统称。克拉默自己从未进行过野外采集，不过他通过购买和交换集齐了一个庞大的鳞翅目收藏系列。他的绝大多数标本都来自荷兰的殖民地国家——苏里南、斯里兰卡（彼时的锡兰）、印度尼西亚（彼时的荷属东印度群岛），不过藏品中也包含来自北美、非洲与亚洲的物种。

克拉默聘请了阿姆斯特丹艺术家格里特·瓦特那（Gerrit Wartenaar）为他的藏品留下永恒的记录。完工的手工着色插图是如此精细美丽，以至于克拉默忍不住要把它们印刷出来。在《异域鳞翅目昆虫：亚洲、非洲和美洲》（以下简称《异域鳞翅目昆虫》）一书中，每张蛾类或

（左图）克拉默和斯托尔奉上了众多来自地球遥远彼端的鳞翅目昆虫。占据该图最大篇幅的，是来自印度尼西亚安汶岛的红翅鹤顶粉蝶（*Hebomoia leucippe*）（图中A—C）。图中还描绘了一种来自苏里南的鲜为人知的舟蛾（*Rosema deolis*）。

蝶类的插图都附有克拉默所撰写的简短介绍，描述特定种类的触角形状和翅膀斑纹。在1775 年至 1782 年，总计出版了 400 幅图版——共有 1 658 种蛾类和蝶类。这些图版及说明文字分为 34 期出版，订阅者为数众多，每三个月出版一期。整理完毕的作品被集成一套四卷本。

　　尽管这些非凡的书卷被归于皮埃特·克拉默名下，不过协助完成整项工程的不止他一人。克拉默因热病死于 1776 年，享年 55 岁，此时《异域鳞翅目昆虫》才刚刚出版了第一卷。显然，第二卷已经准备就绪，因为很快就在 1777 年出版了。剩下的部分也几乎已经完成了。克拉默在他的遗书中指定由他的侄子兼商业伙伴安东尼·威莱姆祖恩·凡·让塞尔拉（Anthony Wellemzoon van Rensselaar）来完成剩余插画的出版。凡·让塞尔拉得到了卡斯帕·斯托尔（Caspar Stoll）的帮助，后者曾参与完成第一卷的出版工作。斯托尔对后续的篇章影响深远，他为第四卷的大部分内容撰写了文本（从第29 页起）。在 1787—1790 年，斯托尔为这部著作做了重要的增补，包括 42 幅图版，绘制了另外 250 种鳞翅目昆虫，包括许多苏里南珍稀种类的幼虫和蛹。

这幅卷首插图是在向克拉默的两位启迪者致敬，他们的著作被摆在了石碑顶上：林奈，瑞典植物学家、动物学家，他的著作作为生物分类奠定了基础；梅里安，艺术家、博物学家，她在苏里南花了 18 年的时间记录植物与昆虫。

图中有三种蝴蝶：出现在非洲及澳洲的翠蓝眼蛱蝶（*Junonia orithya*）（图中 C, D）；来自北美的长尾钩蛱蝶（*Polygonia interrogationis*）（图中 E, F）；以及来自南美的大蓝闪蝶（*Morpho menelaus*）（图中 A, B）。克拉默注明了大蓝闪蝶也曾被他的两位导师林奈和梅里安画进了他们的书中。

克拉默和斯托尔的著作：
蝶蛾学术领域不朽的贡献

克拉默和斯托尔的著作对蛾类和蝶类同样重视。这幅插图上有五种热带天蛾（图中A—F，天蛾科），
包括预测天蛾（*Cocytius antaeus*）（图中A），这是世上唯一一种拥有足够长口器为珍稀的大彗星兰传
粉的昆虫。

这幅图中展示的是两种凤尾蝶，美凤蝶（*Papilio memnon*）（图中 A）和美洲大芷凤蝶（*Papilio cresphontes*）（图中 B）；灯蛾（*Utetheisa ornatrix*）（图中 C，D，F）。还有一种稀有的南美舟蛾（*Erbessa priverna*）（图中 E）。

除了一只小眼蝶（*Chloreuptychia herseis*）（图中 C，D）外，这幅插图上还有全世界最著名的蝴蝶之一：海滨裳凤蝶（*Troides hypolitus*）（图中 A，B），它又被称为里彭鸟翼凤蝶，来自摩鹿加群岛和苏拉威西岛。

《异域鳞翅目昆虫》的独特之处在于以下几个方面。首先，每只蝶或蛾不仅是以实际大小绘制的，而且还画出了翅膀的背面和腹面。这一举措为这些插画赋予了极高的科学价值，对于许多鳞翅目昆虫而言，翅膀腹面的花纹虽然不那么华丽，却比背面的花纹更具辨识度。其次，这是第一部运用卡尔·林奈分类系统的鳞翅目专著，这一系统随后才渐渐完善。因此，每只蝶或蛾都根据如今依然在使用的双名法分配了属名。克拉默和斯托尔作为这一领域的先锋，为后世的鳞翅目昆虫学家打好了基础。他们按照林奈的方法，根据飞行特征将所有鳞翅目昆虫分为三属：蝴蝶（"日之蝶"，"Papillons Diurnes"）被归在第一个属中，称为"蝶"，如今，18 000 种蝴蝶被分为 6 个科，1 500 属；第二个属是"灰蝶"（"黄昏之蝶"，"Papillons du Soir"），按现代的科学分类，1 200 种天蛾被分为超过 200 属；最后一个属是"蛾"（"夜之蝶"，"Papillons Nocturnes"），囊括了余下的所有蛾类，而如今，蛾类则被分为 117 个科，总共有数万属，已命名的蛾类大概有 23 万种。

　　这些卷册还有第三个重要的独特之处。在所有被画出的蛾类与蝶类中，克拉默和斯托尔确认了那些早就有有效学名的物种。不管怎么样，《异域鳞翅目昆虫》中展现的众多鳞翅目昆虫都是学术领域中全新的物种。两人为这些物种定了名，因而他们的描述与绘图就有了特别的意义，这些文字和插图成了这些物种的正式描述。这些书册中包括数百段被称为"原始描述"的文字——最先为动物或植物命名的唯一资料。

　　作为一名鳞翅目昆虫学家，我常常要参考《异域鳞翅目昆虫》。比如说，在我研究舟蛾科时，其中关键的一步是正确辨别一种如今被称为 *Erbessa priverna* 的舟蛾，它来自南美北部。克拉默的文本与插图首次对它做了描述，在 1777 年出版的第二卷中（见 99页图）。查阅这些资料，我就能清楚地鉴别这种蛾类。因此，《异域鳞翅目昆虫》不仅是一部绘有美丽昆虫插图的珍本，更是现代科学家的重要参考资料，而且对未来的科学家而言仍然是无价的珍宝。

詹姆斯·S. 米勒（James S. Miller）
美国自然博物馆无脊椎动物学分部昆虫学部副研究员

克拉默和斯托尔的著作：
蝶蛾学术领域不朽的贡献

TRIGLA VOLITANS.
Der fliegende Seehahn.
L'Arondel de Mer.
The Flying-Fish.

Agenten Herrn v. Cobres in Augsburg.

351.

J. F. Hennig sc

布洛赫不同寻常的鱼儿们

撰文 / 梅勒妮·L. J. 斯提亚斯尼

作者

Marcus Elieser Bloch，1723—1799

马库斯·埃利泽·布洛赫

书名

Allgemeine Naturgeschichte der Fische

〔*General natural history of fishes*〕

《鱼类自然通史》

版本

Berlin: Auf Koster der Verfassers und in Commission bei dem
Buchhändler Hr. Hess，1782—1795

（左图）豹鲂鮄（*Trigla volitans*），如今被归在真豹鲂鮄属，发现于大西洋的沿海区域。豹鲂鮄并不像真正的飞鱼，它是一种底栖鱼类，运用其宽大胸鳍的指状前片在沙泥中爬行前进，探查海底淤泥寻找食物。

德国全科医生马库斯·埃利泽·布洛赫在鱼类的科学研究领域可谓大器晚成，他 47 岁才开始研究鱼类学，却成为现代鱼类学的奠基者之一。他出版的著作《鱼类自然通史》中的插图美得令人惊艳，内容囊括了当时所有已知鱼类的学术概略。这本著作获得了广泛的赞誉，并确立了布洛赫在欧洲启蒙运动中科学精英的地位——直至如今人们依然非常敬重他。

与许多同辈人不同，布洛赫并非来自特权阶级，而是出生在一个非常普通的家庭。他的父亲是德国安斯巴赫犹太社区中一位受人尊敬但两袖清风的律法作家。布洛赫只受过最低程度的世俗教育，在 19 岁之前他还不会读写。在汉堡一位外科医生的指导下，他力学笃行，终于获得了足够的语言与医学知识，得以在柏林学习解剖学。身为一名犹太人，他在柏林无法获得博士学位，因此他迁居到了法兰克福继

这幅书名页上优美的雕版装饰插图描绘了一位水中仙女以及和鱼儿一起欢腾的小天使们。

续自己的医学学业。直到 42 岁他才在柏林获得行医执照。他在那里忙碌地行医，而且显然收入不菲，还发表了不少很有影响力的医学论文。

布洛赫结过三次婚，第二任妻子丰厚的嫁妆可能从旁支持了他在自然史方面的研究，也协助他收集了一个著名的自然标本藏品系列。那些著名藏品中的大部分鱼类如今都陈列在柏林洪堡大学自然博物馆中，总计约有 1 400 条。基于布洛赫研究成果的重要性——仅《鱼类自然通史》就描述了 267 种科学上的新物种——这些标本依然有着极其重要的科学意义，如今全球各地的鱼类学家还在检视这些标本。由于布洛赫的许多描述与绘图都建立在观察实际标本的基础上，因此这一开创性的鱼类研究成果尤其珍贵。（众多前辈的研究完全基于收藏家们的资料与草图。）

布洛赫建立起对鱼类的兴趣，似乎是在他注意到当时的权威资料中并没有收录某些著名的德国鱼类之后，比如卡尔·林奈和彼得·阿特迪（Peter Artedi）的作品。他开始着手编辑一部德国所有鱼类的综合性指南。在 1782—1784 年，他出版了三卷本的《德国鱼类自然百科》（*Oeconomische Naturegeschichte der Fische Deutchlands*）。在 108 幅彩色铜版图版之间有对欧鲫的描述，这是德国水域一种常见的鲫鱼，但他的前辈们显然对这种鱼并不了解。布洛赫对它进行了最早的科学描述，并将它定名为银鲫（*Cyprinus gibelio*）。如今我们对鱼类亲属关系的理解已不同于布洛赫的时代，这种由他命名为银鲫的鱼也和普通金鱼一样，被归进了鲫属，但他的物种描述仍然是有效的。

布洛赫怀着雄心壮志将他的研究对象扩展为所有已知鱼类。他越来越被认可的科学权威身份、他的财富、他与收藏家和海外同行的关系网……所有这一切都为他带来了丰富的标本。他的联系人中有地位尊荣的贵族，其中包括普鲁士国王腓特烈二世，还有如威廉·汉密尔顿这样的名流，后者是英国派往那不勒斯的大使，不过大多数只是在欧洲大陆边远角落里工作的传教士和外科医生。这份雄心勃勃的成果发表于 1785—1795 年，即包括 324 幅彩图的九卷本《海外鱼类自然史》（*Naturgeschichte der ausländischen*

银鲤，俗名是欧洲鲫鱼，它广泛分布在中欧至西伯利亚的淡水水域内。这种神秘的鱼类如今被归在鲫属，它可能作为野化类型被引进了东亚，后来被驯化成观赏金鱼。

　　　　　　　　　布洛赫不同寻常的鱼儿们

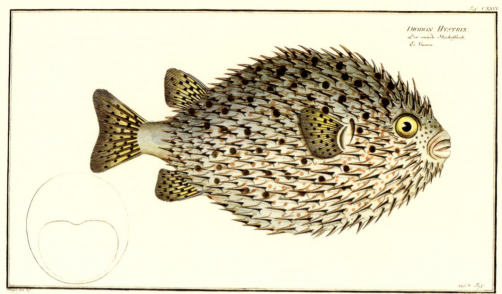

（上图）密斑刺鲀。这只被画得非常美丽的刺鲀是一种分布在热带浅水泻湖与面海礁湖内的物种。它们的大多数个体都是独居的夜行动物，用它们像鸟喙一样的牙齿捕食硬壳的海胆和螃蟹。

（下图）黑斑隆头鱼（非正式学名）。布洛赫错误地将这种鱼描述为海生隆头鱼属的一员，但他细致的描述和清晰的绘图令其可以被正确鉴定为一种淡水鱼类——黑颚罗非鱼（萨罗罗非鱼），它们分布在西非的河口与沿海河域中。

Fische)。于是，合并在一起的《德国鱼类自然百科》和《海外鱼类自然史》就成了我们所知的《鱼类自然通史》，总计 12 卷，包括 432 幅彩色插图。

众所周知，鱼类是很难从视觉上捕捉的对象，而布洛赫的许多插图不仅描绘准确，而且优美地再现了这些生物生机勃勃的姿态。他笔下的密斑刺鲀（*Diodon hystrix* ）准确呈现了其膨胀时的形态，清晰地绘出了吻部至背鳍间的大约 20 根棘刺。典型的棘刺数目和斑纹的某些特征使我们能够轻松地辨认出这一物种，将它和与它形似的亲属——生活在相同水域的六斑刺鲀（*Diodon holocanthus* ）区分开来。我们可以注意到，在布洛赫所绘制的许多插图上，鱼类的眼睛中都有亮光，这是个有趣的特点，说明在对每个标本进行观察和艺术着色时，它们被移出了液体防腐剂（在水下，鱼眼中不会有这样的亮光）。大多数插图上还附有腹腔横截面图示，从而令读者可以从三维角度把握每一种标本的形貌，并大致了解肌肉的走向，这说明布洛赫很可能解剖过作品中所描绘的众多标本。

在布洛赫呕心沥血完成这部著作的几百年后，当代的鱼类学家们仍然在兴致勃勃地研究它，显然证明了它长久不衰的重要意义。直到 1987 年，我的鱼类学导师之一、非洲鱼类的权威专家——英国自然博物馆的埃塞尔韦恩·特里沃瓦丝（Ethelwynn Trewavas）参考布洛赫对苏里南鱼类黑斑隆头鱼（*Labrus melagaster* ）的翔实描绘与描述，确定事实上它就是西非慈鲷科的萨罗罗非鱼（*Sarotherodon melanotheron* ）。很明显，布洛赫时常从他渐趋庞大的手写标本目录中省略地点信息，并依赖记忆往作品中填充资料。鉴于这一里程碑式的著作规模宏大，偶尔出现一些错误也是在所难免。不过，更令人惊叹的是，著作中如此多内容直至今日依然有用。

梅勒妮·L. J. 斯提亚斯尼（Melanie L. J. Stiassny）

美国自然博物馆脊椎动物学分部鱼类学科阿克塞尔罗德展厅馆员

视觉盛宴：
赫布斯特的螃蟹和龙虾

撰文 / 贝拉·加利尔

作者

Johann Friederich Wilhelm Herbst，1743—1807
约翰·弗里德里希·威廉·赫布斯特

书名

Versuch einer Naturgeschichte der Krabben und

Krebse nebst einer systematischen Beschreibung ihrer verschieden Arten

（*Attempt at a natural history of crabs and crayfish, including*

a systematic description of the various genera）

《螃蟹和龙虾的自然史，包括不同属的系统描述》

版本

Zurich: Joh. Casper Fuessly，1782—1804

（左图）网纹梭子蟹【*Portunus reticulatus*（Herbst，1799）（*Cancer reticulatus*，Herbst，1799）】。这一物种只生活在孟加拉湾。

约翰·弗里德里希·威廉·赫布斯特是18—19世纪一个德国和英国小众牧师圈子的成员之一，这些牧师们除了自己的公职外，还通过分类法寻求对自然规律更好的理解。他们的贡献为自然史的现代研究奠定了基础。赫布斯特的昆虫纲专著是史上最优美且插图最可爱的相关作品之一，当时的昆虫纲囊括了所有的节肢动物。

赫布斯特生于普鲁士王国明登（Minden）公国的佩特尔斯哈根（Petershagen），他的父亲在此担任高级牧师兼公国监察。他追随父亲的脚步，在哈雷大学（University of Halle）学习神学。在完成学业的过程中，赫布斯特服务于当地一个贵族家庭，随后加入了柏林参事兼城市行政长官魏策尔（Weitzel）的圈子。1769年，他接受委任，成为普鲁

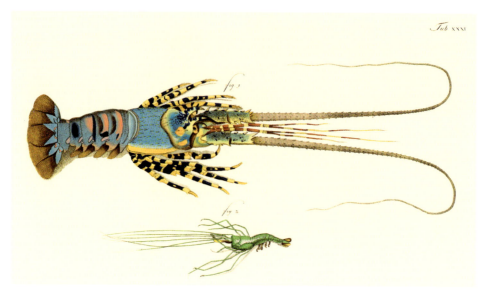

波纹龙虾*Panulirus homarus*（Linnaeus，1758）【*Cancer（Astacus）homarus*，Herbst】。这种具有扇形褶边的多刺的龙虾栖息在礁石间，是一种群居的夜行生物，它广泛分布在印度西太平洋中。

士一个步兵团的随军牧师。一年之后，他作为皇家军官学院的牧师返回柏林。1782年，在托尔高–奥沙茨县（Torgau-Oschatz）的瑞潘（Reppen）短暂担任高级牧师之后，赫布斯特成为柏林圣玛丽教堂的副助祭，并在这个职位上干了25年。

赫布斯特在柏林结识了才华出众的昆虫学者兼插画家卡尔·古斯塔夫·祖布安斯基（Carl Gustav Jablonsky），祖布安斯基是普鲁士王后的私人秘书。二人携手合作，想要对昆虫纲进行一次完整的整理。祖布安斯基于1787年英年早逝，之后，赫布斯特花费20年的时间接续前者已开始创作的著作，编辑并出版了插图华美的《自然系统中所有国内外昆虫纲，布丰自然史之增补（依据卡尔·林奈爵士的系统）》（*Natursystem aller bekannten in und ausländischen Insecten, als eine Fortzetsung der von Büffonschen Naturgeschichte. Nach dem System des Ritters Carl von Linné bearbeitet*，1785—1806）。他同时着手研究十足目动物，描述并描绘了无数新物种，其中有一些来自地中海和美洲，不过大多数是来自印度太平洋。他的许多标本都来自他杰出的同辈人J.C.法布里修斯（J. C. Fabricius），还有他的博物学家朋友们也将多余的标本寄给他，使他得以收集到完整的系列。赫布斯特的甲壳纲收藏系列是如此意义非凡，在他死后，收藏系列被普鲁

上：远洋梭子蟹 *Portunus pelagicus*（Linnaeus，1758）（*Cancer cedonulli* Herbst，1794）。这种生物在整个东亚都有分布，栖息地是多沙泥泞的浅泻湖和河口。

下：铜铸熟若蟹 *Zosimus aeneus*（Linnaeus，1758）（*Cancer amphitrite* Herbst，1801）。这种蟹广泛分布在印度太平洋中，通常栖息在礁滩上。它的甲壳和肉都含有神经毒素，毒可致命。

最下方的是锈斑蟳*Charybdis feriata*（Linnaeus，1758）（*Cancer cruciatus* Herbst，1794），赫布斯特命名中的"cruciata"，意为"十字"，指的是其甲壳上的十字图形。中间那个是榄绿青蟹*Scylla olivacea*（Herbst，1794）（*Cancer olivaceus* Herbst，1794），这种橙色的泥蟹分布在印度西太平洋的整个红树林生态系统中。

士国王腓特烈·威廉三世（Frederick William III）买下，并于1810年被捐献给了新成立的柏林大学，如今它依然保存在柏林大学。

　　最近的一项研究结合形态测定与DNA排序，证实了赫布斯特细致观察与如实绘图的准确性。他描述并绘制了两种梭子蟹：*Cancer cedonulli* 和 *C. reticulatus*。后来的作者们认为两者都是 *C. pelagicus*，这一物种较早前由林奈描述过。由于无论何时都只会有一个学名被认为是正确的，而同一对象的其他学名会被称为"同名"，因此赫布斯特的定名被认作是远洋梭子蟹 *Portunus pelagicus*（Linnaeus，1758）的次同名。然而，当我们细致观察他所绘制的 *C. cedonulli*【与 *Portunus pelagicus*（Linnaeus，1758）同名】时，会发现标本甲壳上特有的白点弥散成广阔的网状，尤其是后部与鳃部，而 *C. reticulatus*【*P. reticulatus*（Herbst，1799）】甲壳上的白斑仅有数处扩展成短条状。在确定记录的正确性时，赫布斯特毫不含糊的绘图与一丝不苟的着色起到了重要的作用。那专家级的手工着色铜版插画不仅美丽非凡，而且对今日的学界而言极其珍贵。

　　这些卷册是罗伯特·L. 斯图尔特（Robert L. Stuart）捐赠给美国自然博物馆的藏书的一部分。斯图尔特图书馆中藏有超过一万册书籍，是19世纪晚期美国最大型的私人藏书，其珍藏的书籍"在内容、色彩、插图与影响力方面冠绝一时"（《纽约时报》，1885）。

贝拉·加利尔（Bella Galil）

美国自然博物馆无脊椎动物学分部助理研究员

以色列国家海洋学研究所高级研究员

Tab. XL.

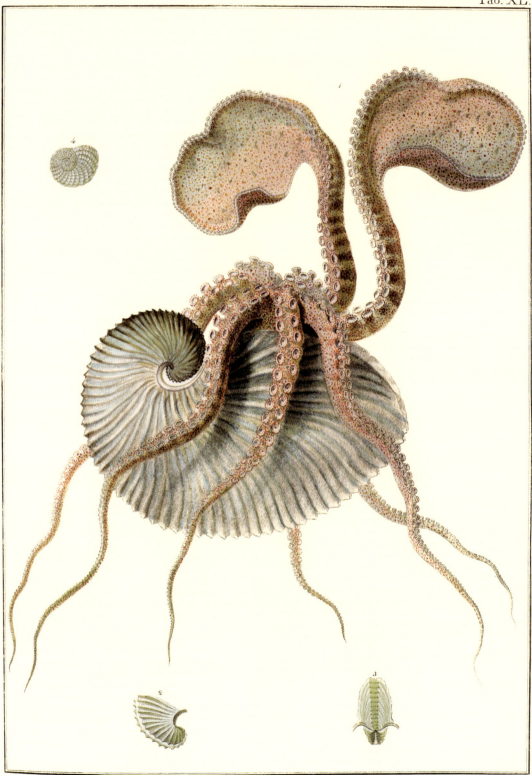

Morelli, et Siesto del.　　　　　　　　　　　　　Citarroo et Tora sculp.

软体动物学的黎明时代：
朱塞佩·沙勿略·波里卓越而又默默无闻的毕生心血

撰文 / 伊利亚·特姆金

作者

Giuseppe Saverio Poli，1746—1825

朱塞佩·沙勿略·波里

书名

Testacea utriusque Siciliae eorumque historia et anatome

〔*Shelled animals of the Two Sicilies with their*

description and anatomy〕

《两西西里王国的贝类及其描述与解剖》

版本

Parma:【Giambatista Bodoni】，1791—1827

  《两西西里王国的贝类及其描述与解剖》是插图最精美、印刷最华丽的软体动物专著之一。这部作品出类拔萃之处不仅仅在于其排版艺术的开创性，还在于在学术层面上远远超出了它所处的时代。当时的科学界对它深邃的洞见懵懂无知，但它注定要成为一部广受追捧的珍本，这与作者卓越的观察能力以及 19 世纪初欧洲的历史动荡密不可分。

  朱塞佩·沙勿略·波里生于 1746 年，在帕多瓦大学（The University of Padua）学习古典文学、神学以及自然科学。1774 年在皇家陆军军官学校任职后，他前往伦敦研习军事体系并为学校争取科学器材。他在那里遇见了詹姆斯·库克（James Cook）船长和博物学家约瑟夫·班克斯爵士（Sir Joseph Banks），从他们那里收获了化石样品和其他来自太平洋岛国的标本。波里还结识了威廉·亨特（William Hunter），后者是一位著名的英国医生兼收藏

（左图）一只雌性纸鹦鹉螺（学名为扁船蛸，*Argonauta argo*）的外部形态及其卵囊。

《两西西里王国的贝类》中 G. S. 波里的手工着色肖像画。

家，他建议波里研究地中海的软体动物。在旅程中，波里还认识了其他知名的欧洲博物学家，并为自己的私人收藏收集自然标本与文化手工艺品。当法国在 1806 年攻占那不勒斯时，这批收藏中的珍稀标本被劫掠一空。（剩余的标本如今收藏在那不勒斯的自然博物馆。波里的软体动物解剖结构蜡模藏品现存于巴黎的国家自然博物馆，其中一些模型与《两西西里王国的贝类》中所描述的标本相符合。）且不论波里在学术与行政上的多重身份以及对那不勒斯皇太子的辅导职能，他对不同科学领域的追求延续终生，直至 1825 年去世。

波里在自然史领域的声誉基于《两西西里王国的贝类》，这部非凡的著作探讨了比较解剖学，以及那不勒斯与西西里岛软体动物的分类。前两卷分别于 1791 年和 1795 年在波里的监督下出版。1799 年内战爆发时，第三卷已接近完成。作者去世后，它被分成两部分出版，第一部分标明了波里的作者身份，不过也指出了注释者是斯特丹诺·代勒·奇阿杰（Stefano Delle Chiaje）。第二部分由代勒·奇阿杰编写，展示了一系列由波里描绘但并非由他描述的物种。所有的卷册都以对开页的形式在意大利北部城市帕尔马

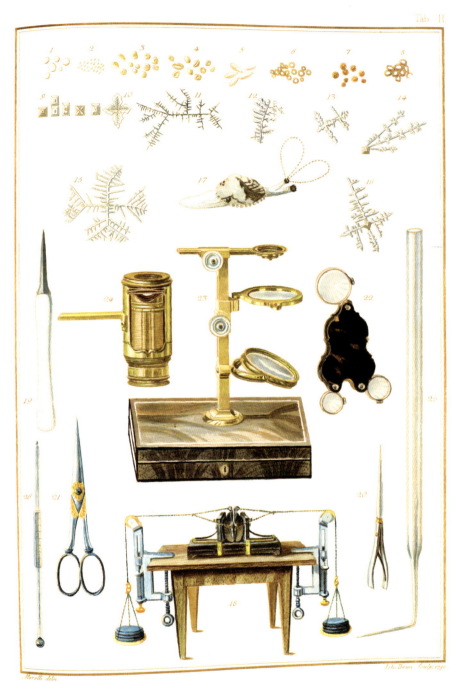

Tab II

G. S. 波里所使用的科学仪器，包括解剖工具、显微镜和一台测量闭壳肌收缩力的装置。

软体动物学的黎明时代：
朱塞佩·沙勿略·波里卓越而又默默无闻的毕生心血

Tab. XXXVI.

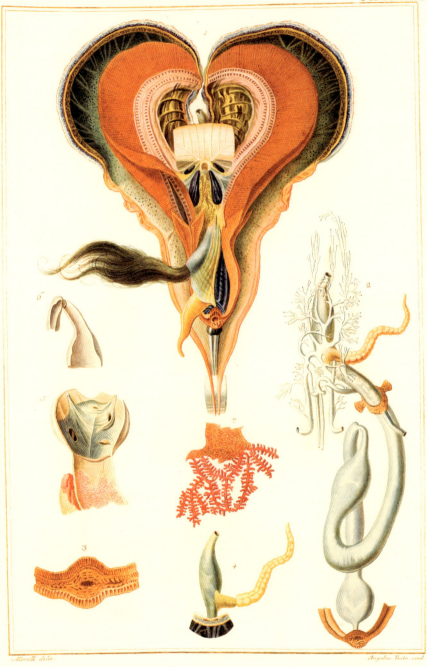

地中海黑贝（学名：大江珧蛤*Pinna nobilis*）移去贝壳后的外部形态概观以及软体部分的解剖细节。

Tab. XXVII.

地中海扇贝（学名：朝圣扇贝 *Pecten jacobaeus*）的贝壳形态、外观和内部解剖结构。

软体动物学的黎明时代：
朱塞佩·沙勿略·波里卓越而又默默无名的毕生心血

Tab. XXVII.

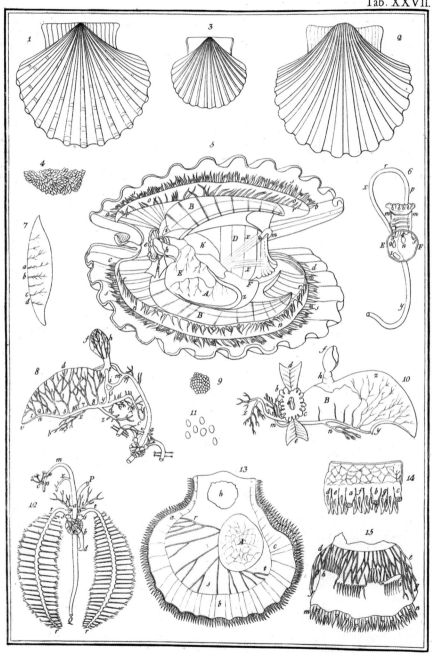

对应的素描图，对照在图例与相应文本章节中详细探讨形态特征，在相应位置标注了序号。

由詹巴蒂斯塔·波多尼（Giambatista Bodoni）出版，波多尼是当时最重要的意大利印刷商之一。书中每幅彩色雕版插画都有带标注的相应素描版本。

《两西西里王国的贝类》是研究软体动物的开创性著作。第一，它使软体动物比较解剖学成为一门独立的学科。在波里的这部作品之前，对软体动物的研究基本都以其外壳特点为依据。波里确认了软体动物的软组织能提供大量分类信息，并以超常的精确性记录了多样的形态特征。他发现的诸多特性在学术上都是全新的信息。比如说，他是首位发现某些双壳贝类具有外套眼结构的作者。

第二，《两西西里王国的贝类》是关于软体动物生物化学与生理学的首部专著。波里发明了一种装置，可测量闭壳肌的收缩力。他将水银注入血管追踪血液的流动，并建立饲养室以研究软体动物的生殖与发育。他研究血液的成分，描述贝壳的晶杆体和化学组成，并确认晶杆是一个与消化相关的结构。

第三，《两西西里王国的贝类》提供了新颖的软体动物分类系统。波里也是首位提出完全以软组织解剖特征为依据的分类学作家。由于这一系统与当时盛行的贝壳分类系统存在分歧，波里创立了两种独立的命名系统，一种以贝壳命名，另一种以软体命名。两种系统都遵循了林奈的双名法原则。在这一分类法中，属名是以解剖特征为依据，而相应的贝壳则将derma（希腊语，"皮肤"的意思）与属名相结合，以这样的结合词为名。比如说，Cerastes属的生物是"居住于"Cerastesderma贝壳中的。尽管波里的分类系统从未被学界采用，但他所确定的众多学名至今仍然有效。

虽然《两西西里王国的贝类》为波里确立了软体动物学之父的声誉，但它并没有得到应得的广泛认可。这样的结果部分归咎于政治，因为拿破仑战争割裂了意大利和法国之间的纽带，而当时的法国是自然科学重镇。另外，也因为出版成本过高而导致其流通有限。尽管如此，这些缺憾并不妨碍这本著作为后世的软体动物学家提供丰富的解剖学资料。

伊利亚·特姆金（Ilya Tëmkin）
美国自然博物馆古生物学分部助理研究员

通草纸蝴蝶画册

撰文 / 戴安娜·辛

作者

佚名

书名

Chinese plates of butterflies

《中国蝴蝶彩图》

版本

China: ca. 1830—1871

这一卷小小的珍宝是在 1920 年由凯瑟琳·A. 莫肯森夫人（Mrs. Catharine A. Malcomson）捐赠给美国自然博物馆的，半个世纪前，著名的东印度商人弗莱彻·韦斯崔（Fletcher Westray）把它当作礼物送给了她。它是所谓中国艺术贸易的一个优美范例。19 世纪中期，中国出口的水彩画在香港、澳门和广州等港口城市绘制，再卖给西方消费者。和这卷画作一样，许多这类画作都是使用的通草纸，这种纸料只用于这类画作。

通草纸并不是传统纸料，它是将纤维浸制后层层铺叠制成的。制作通草纸所用的原料是通草（*Tetrapanax papyriferus*）茎髓中柔软的纤维状物质。通草俗称米纸草，但米纸草是一个误称，因为米纸并不是通草纸，而是由水稻制成的。收割下来的植物枝条要在水里浸泡数天，而后将一根木钉推入枝条中，再将这样抽挤出来的纤维弄干，然后用极为锋利的小刀切成薄片，切割过程需要高超的技艺。整个制作过程有相当大的局限性，这意味着制作完成后用于绘画

（左图）这本画册中有超过一百只画工精细的手绘蝴蝶。和本书中提及的大多数著作不同，其他著作都是为了尽可能精准地表现并描述自然界，但这本小册子只是为了用奇美的表现手法来展现这些色彩斑斓的生命。

蝴蝶颜色更为斑斓的四幅插图。

的纸料尺寸很少超过 12 英寸 × 8 英寸，也许从没超过这个尺寸。成品是一张柔软的、近乎透明的纸，它非常适合用水彩和水粉绘制袖珍画作——颜料用在通草纸上后，仿佛会在纸面上流动一般，同时衬托出纸料独特的质地。

通草纸不同寻常的特性之一，是它能够惟妙惟肖地保持色彩的鲜艳，而且能保持很长时间，正如你在插图中所见到的一样。这种纸也反映了画家卓越的绘画技巧，因为颜料一旦画到通草纸上，就再也无法擦去了，也无法用新一层颜料盖掉原本的颜色。画作所用的颜色也就是中国画常用的那些，不过其中占主导地位的还是三原色。由于这些水彩画是在工坊中以大批量生产的方式绘制的，所以无法确定原创作者的身份。不过，这本画册可能是由一位名叫Youqua的艺术家创作的，他活跃于1840—1870年的广州。

这些画作的有趣之处不仅在于其使用的原料，还在于它们对中国历史某重要时期的特殊性。这些"纪念品"是鸦片战争的直接结果，中国在1842年输掉了这场战争，导致英国在中国设立了数个贸易口岸。中国贸易的繁荣一直延续到20世纪初。

通草纸开始被用于绘画也许是为了满足对廉价、易于运输的小画册日益增加的需求。在木板和帆布上用油彩画出的画作虽然很珍贵，但是花费昂贵而且难以携带。通草画价格低廉、轻、容易装运，而且在漫长的运输途中能够较完好地保存。因为这些画作在卖出时就是夹在册子里的，因此避免了光线直射，鲜艳的色彩一直保持到今天。中国人的日常生活、朝臣以及风景主题的画作非常受欢迎，但是包括鸟类、鱼类和蝴蝶的其他主题则具备不同程度的奇美精妙。

这些插图在科学上并不是准确的，但却能让观者领略到异域的东方风情。通纸画是为了吸引不熟悉中国文化的西方人。它们是由工匠而非文化精英绘制的，因此中国人并不认为它们是"高级的"中国艺术。所以，西方的美术博物馆中极少存有这样的画作，这也令我们的这份珍本藏品更显珍贵。

戴安娜·辛（Diana Shih）
美国自然博物馆学术图书馆书目管理助理总监

亚历山大·威尔森和
美国鸟类学的起源

撰文 / 麦·查拉曼·雷特梅尔

作者

Alexander Wilson，1766—1813

亚历山大·威尔森

书名

American ornithology, or the natural history of the birds of the United States

《美国鸟类学》（或名《美国鸟类自然史》）

版本

Philadelphia: Bradford and Inskeep，1808—1824

　　亚历山大·威尔森常被称作美国鸟类学之父，他创作了第一部关于美国鸟类的专著，展示了在北美发现的 363 个物种中的 264 种。其中有 39 种对学界而言是全新的物种，另有 23 种经威尔森的详细描述，与原来混淆不清的欧洲物种区分了开来。

　　亚历山大·威尔森 1766 年 7 月 6 日生于苏格兰佩斯利。他在语言学校学习，直至 1779 年他母亲逝世。之后，他给一位叫威廉·邓肯（William Duncan）的织布工当学徒。他在坐上织布机的同时开始写诗歌和小说。在为邓肯工作的七年里，威尔森对自己的工作环境愈发挑剔，离开织布机后，他就出版了一部讽刺作品，被当地商家认定是文字诽谤。他对苏格兰越来越不满，在因诽谤罪而被短暂监禁之后，他决定离开此地前往美国。他从贝尔法斯特市出发，经由 53 天的航程抵达纽卡斯尔。之后，他从特拉华州步行前往费城，沿途被奇异的鸟类和从未

（左图）翠鸟。威尔森绘制的往往是鸟类的侧面，极少或根本不画背面，这是 19 世纪早期的典型画法。

见过的树木花朵所吸引。

到达费城后，威尔森换过许多工作，最后在费城外的格雷渡船区受聘成为一名校长。就是在这个舞台上，他奠定了自己在美国鸟类学界的地位。他在格雷渡船区结识了自己的邻居，知名博物学家威廉·巴特兰（William Bartram），并在巴特兰的书房里消磨了大量时间，研习马克·卡特斯比（Mark Catesby）、乔治·爱德华兹（George Edwards）以及其他著名欧洲鸟类学家的作品。他到美国之后，曾耗费数年步行穿越美国东北部，自恃对美国鸟类了解甚深，足以发现这些著作中的错误。那时，他便决定要出版自己的关于美国鸟类的作品，并自己绘制插图。工作之余，他将白日所有可用的时间都花在野外收集标本上，夜里则就着烛光作画上色。他与巴特兰分享自己的发现，并将画作呈给后者寻求建议与批评。

1804 年，威尔森前往尼亚加拉大瀑布，开始为期两个月的旅行，以寻找更多可供描述绘制的鸟类。他将自己的几幅画作寄给了托马斯·杰斐逊[1]，后者向他表达了谢意。他又写信给杰斐逊，想作为收藏家加入后者的泽布伦·派克探险队（Zebulon Pike Expedition），并于 1806 年前往探索密西西比河。不幸的是，这封信没被送达，威尔森没能加入探险队。

不过他马上就要转运了。几个月后，威尔森在出版商塞缪尔·布莱福德（Samuel Bradford）那里找到了工作，成为《里斯新百科全书》（Rees's New Cyclopedia）的助理编辑，这是一本"艺术与科学的通用词典"。威尔森与布莱福德分享了他关于《美国鸟类学》的计划，后者热切地应允，只要威尔森为这部作品争取到订阅客户，他就立刻将该书付梓出版。这是当时诸多书籍的典型出版流程，尤其是带插图的自然史著作。作家或出版商实质上都要先确定若干付费读者，才会开始印刷一定数量的作品，以此保证盈利。

亚历山大·劳森（Alexander Lawson）被聘为威尔森作品的首席雕版师，《美国鸟类学》的第一卷于 1808 年 9 月完成。劳森在他的铜版雕画中融合了蚀刻与雕绘法，每幅版画都是用水彩手工着色的。在接下来的几年中，威尔森将他所有的空余时间都投入到了这本著作中，并周游全国收集标本兼为他的作品争取订阅者。

威尔森计划中的《美国鸟类学》总共有十卷，其中六卷描述陆禽，四卷描述水禽。遗憾的是，当他 47 岁因痢疾去世时，这部作品只完成了不到八卷。他的朋友及遗嘱执

---

[1] 托马斯·杰斐逊（Thomas Jefferson，1743—1826），美利坚合众国第三任总统，美国开国元勋中最具影响力者之一。

"猫头鹰铜版"。雕版师亚历山大·劳森将威尔森的画作转刻成铜版，而后将其印刷出来，再由艺术家们手工着色。

1 Great Horned Owl. 2 Barn O. 3 Meadow Mouse. 4 Red Bat. 5 Small-headed Flycatcher. 6 Hawk Owl.

"猫头鹰"。由于预算紧张，威尔森不得不在每幅图版中绘制尽可能多的物种，这种节约的举措使他的图版别具风格。

"卡罗来纳长尾鹦鹉"（*Carolina Parakeet*）。威尔森于 1832 年描述了这种如今已灭绝的物种。它在美国东南部曾经很常见，但其栖息地因砍伐森林，树木越来越少，这种鹦鹉也因此渐趋罕见。

行人乔治·欧德（George Ord）接过了完成这一系列的重担。之后的版本和重印本风行整个 19 世纪，不过威尔森是以自己收集标本的顺序来编排书中鸟类的，而之后的版本则是依据分类法排序的。此外，拿破仑的侄子、鸟类学家夏尔·吕西安·波拿巴（Charles Lucien Bonaparte）接续威尔森的作品，又出版了描述"非出自威尔森"之鸟类的四卷。这几卷的插画也是由劳森雕版制作的，原画由提香·拉姆西·皮尔（Titian Ramsey Peale）绘制。

1. *Yellow-crowned Heron*   2. *Great Heron*   3. *American Bittern*   4. *Least '8*

威尔森对大白鹭（Great Heron）繁殖地的描述鲜活地展现了新泽西南部湿地中又高又繁茂的白雪杉。
不到一百年的光景，因为白雪松被严重滥砍滥伐，这些湿地已经消失了。

"旅鸽"（*Passenger Pigeon*）。威尔森也描述了已灭绝的旅鸽的广阔聚居地。人们认为旅鸽数量庞大，因此无惧捕食者的威胁。而过度捕猎使它们的数量逐渐减少，从而进一步造成了它们的灭绝。

　　威尔森的《美国鸟类学》自出版以来，其中甚少出现错误。除去美学上的愉悦外，这部作品还囊括了关于鸟类迁移模式和行为习性的可靠资料，并记载了四种如今已灭绝的物种，这使它直到今天仍然是一部无价的科学著作，哪怕离它初出版时已过去了两个世纪。

麦·查拉曼·雷特梅尔（Mai Qaraman Reitmeyer）

美国自然博物馆学术图书馆馆员

EDFOÙ (APOLLINOPOLIS MAGNA.)

DÉTAILS D'ARCHITECTURE DU GRAND TEMPLE.

埃及一览

撰文 / 妮娜·J. 鲁特

书名

Description de l'Egypte, ou recueil des observations et des recherches qui ont été faites en Egypte pendant l'expédition de l'armée francaise

(Description of Egypt, or a compilation of observations and research made in Egypt during the expedition of the French army)

《埃及简述》（或名《法国陆军远征埃及时观察与研究所得》）

版本

Paris: Imprimerie de C.L.F. Panckoucke，1820—1830

（左图）图中展示了荷鲁斯神庙（Grand Temple of Horus）的柱廊柱顶，这座神庙位于当时的阿波里诺波里斯（Apollinopolis），也就是如今的埃德富（Edfou）。它由托勒密所建，供奉的是鹰头神灵荷鲁斯。

里程碑式的《埃及简述》巨著是遵拿破仑·波拿巴（Napoleon Bonaparte）之令于 1802 年刊印出版的。这部关于埃及古物学的伟大作品，是由约 150 位著名法国科学家及学者以及 2 000 位技师与艺术家通力合作完成的。它是拿破仑·波拿巴的科学与艺术委员会的辉煌记录，只不过与之相伴的是失败的埃及远征（1798—1801）。

在 1798 年 5 月 19 日早晨，拿破仑在法国旗舰东方号的甲板上打出旗号，下令舰队从土伦港起航。180 艘战舰上载着 17 000 名士兵、15 000 名水手，还有一支由 167 位平民组成的科学与艺术委员会。这 180 艘战舰花了八个小时才全部越过波拿巴的旗舰，驶向神秘的目的地。法国陆军与海军的最高长官拿破仑看着他的舰队驶向埃及，此时的他才 29 岁。平民委员会的平均年龄是 25 岁，167 个人中有工程师、音乐家、艺术家、科学家、翻译、印刷工、文学家、建筑师、物理学家、博物学家、化学家、哲学家、制图师和

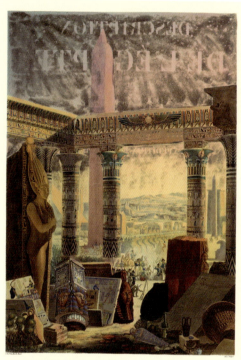

FAC-SIMILE DES MONUMENS COLORIÉS DE L'EGYPTE

D'APRÈS LE TABLEAU DE C. L. F. PANCKOUCKE.

Chevalier de la Légion d'Honneur, Éditeur de la Description de l'Egypte. 2.ᵉ Édition.

1825.

DESCRIPTION
DE L'ÉGYPTE

OU

RECUEIL

DES OBSERVATIONS ET DES RECHERCHES

QUI ONT ÉTÉ FAITES EN ÉGYPTE

PENDANT L'EXPÉDITION DE L'ARMÉE FRANÇAISE

SECONDE ÉDITION

DÉDIÉE AU ROI

PUBLIÉE PAR C. L. F. PANCKOUCKE

ANTIQUITÉS

TOME PREMIER

PARIS

IMPRIMERIE DE C. L. F. PANCKOUCKE

M. D. CCC. XX.

卷首插画中的蓝天使用了铅粉水彩颜料，因与空气产生化学作用而褪色了。对页中印刷的大字母抑制了这一反应，字母区域的颜色未受影响，因此呈现了反转的字母影像。

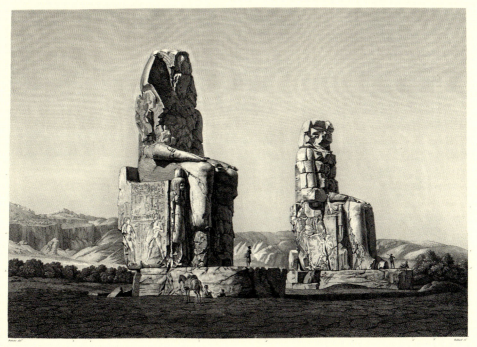

VUE DES DEUX COLOSSES.

底比斯的门农巨像（Colossi of Memmon）是阿蒙霍特普三世（Amenhotep III）60 英尺高的石像，它们从公元前 1350 年开始便立在尼罗河岸边，与卢克索遥遥相对。巨像腿边两尊较小的石像是他的妻子泰伊（Tiy）和母亲缪特维亚（Mutenwiya）。侧面石板上的浮雕展现的是尼罗河神哈比（Hapy）。他们守护着阿蒙霍特普陵庙的入口。

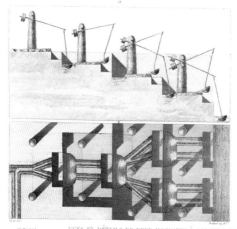

VUES ET DÉTAILS DE DEUX MACHINES À ARROSER, APPELLÉES CHÂDOUF ET MENTÂL.

图中的小帆船一千年来都是尼罗河中流行的交通工具。它的标志特征是斜挂的三角帆，如今人们仍然可以在尼罗河以及整个中东地区看到它。岸边的场景展现了埃及粮食的灌溉系统，如果沿现在的尼罗河旅行，依然可以看到相似的器械。

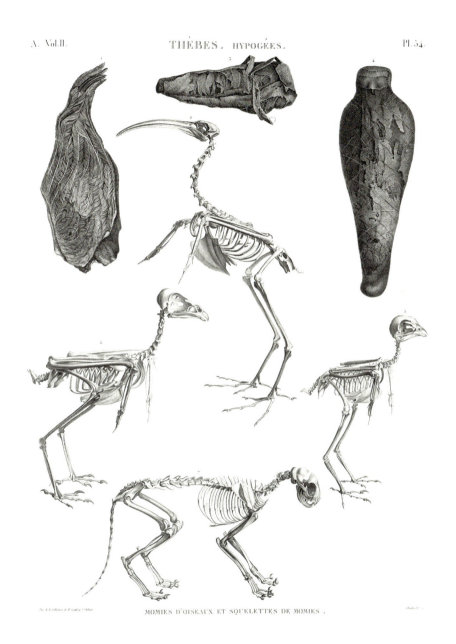

MOMIES D'OISEAUX ET SQUELETTES DE MOMIES.

这幅插图中鸟类的木乃伊是在底比斯发现的，上方是非洲圣鹮（*Threskiornis aethiopicus*）；右侧是灰背隼（*Falco columbarius*）；左侧是苍鹰（*Accipiter gentilis*）。底部的猫骨架来自发现于萨卡拉（Saqqara）的猫木乃伊，在那里，制作猫木乃伊的过程就如制作人木乃伊的过程一样精心细致。

医生。他们的任务是尽己所能学习关于埃及、叙利亚、土耳其和伊斯兰的一切。拜伦·多米尼克·韦旺特·德隆（Baron Dominique Vivant Denon）是委员会的领导者，而且 51 岁的他也是其中年纪最大的，这位艺术家后来成为卢浮宫博物馆的主管。

在开罗，尽管疾病、战争、炎热、饥饿、贫困和死亡折磨着士兵和平民，然而委员会的成员却可以探索、描摹古老的法老遗迹，收集当地动植物标本，研究埃及的法律和风俗，并为埃及及其毗邻国家绘制地图。更重要的是，他们为了科学的发展与传播建立了埃及研究所，以研究、学习并出版埃及的自然、工业与历史信息。拿破仑亲自担任委员会的副主席，而委员们安装好印刷机，出版了科学杂志《埃及十年》和报纸《埃及通讯》。

埃及研究所的总部设在开罗市郊的卡西姆·贝宫（Palace of Quassim Bey）。研究所中有可供研究植物的美丽花园；一个大型鸟舍和一个动物园；一个化学实验室；一个关于自然历史、考古学和矿物学的图书馆兼博物馆。它是现在非凡的开罗博物馆的前身。每天晚上都有四五十人非正式地聚集在花园中，讨论行程、研究成果、谈论古埃及以及埃及人的风俗习惯。将军们、埃及高级官员和酋长们经常参加夜晚的讨论。某个夜晚，当博物学家杰弗里·圣伊莱尔（Goeffroy St. Hilaire，他最终成为位于巴黎的国家自然博物馆的主管）描述过尼罗河的鱼类后，一位酋长指出这样的研究毫无用处，因为先知曾宣布神灵创造了三万种物种：一万种栖息于陆地和空中，两万种栖息在水里。

拿破仑放弃了远征，因为政治原因而先于学者和军队返回巴黎。学者们要求返程的陆军和海军带着他们的收藏一起回法国，但法国和英国热战正酣，英国的海线封锁阻碍了他们的归程。最后两方签署了一份投降协定，英国要求收缴这些收藏品作为战利品，其中包括 1799 年发现的罗塞塔石碑[1]。杰弗里·圣伊莱尔声称学者们宁可和这些藏品一起前往英国，也不愿意放弃它们。英国最终同意委员们保留他们的知识财产（绘画、笔记和藏品），而罗塞塔石碑和其他古物都被收进了大英博物馆。

---

[1] 罗塞塔石碑（Rosetta Stone）：高 1.14 米，宽 0.73 米，是一块制作于公元前 196 年的大理石石碑，原本是一块刻有埃及国王托勒密五世（Ptolemy V）诏书的石碑。石碑上用希腊文字、古埃及文字和当时的通俗体文字刻了同样的内容。由于这块石碑刻有三种不同的语言版本，使得近代的考古学家得以有机会对照各语言版本的内容后，解读出已经失传千余年的埃及象形文字之意义与结构，而成为今日研究古埃及历史的重要里程碑。

学者们最终在 1801 年被遣返回国，开始出版《埃及简述》。无数的材料、报告、笔记、插画、计划和地图需要整理，而后撰写并编辑成文本，分类，雕刻了 837 幅插图，接着设计版式，印刷，装订书册。这部巨著总计用了 3 000 令[1] 大耶稣纸（大对开页单张纸）。尼古拉斯·杰克·康提（Nicholas Jacques Conte）是石墨铅笔的发明者，也是委员会成员之一，为了印刷这部著作超大幅的页面，他发明了一台印刷机，在雕版印刷业掀起了一场改革。那些铜版现在仍保存在卢浮宫中。制图师兼考古学家埃德姆·弗朗索瓦·戎马特（Edme François Jomard）是该书主编。在珍稀的初版中，除了扉页外，正文全部是彩色的，而第二版中则只有扉页才是彩色的。这些学者们最重要的贡献是关于埃及地区的地理发现，开创了现代埃及古物学，创建了如今的开罗博物馆，并出版了《埃及简述》。

尼娜·J. 鲁特（Nina J. Root）

美国自然博物馆学术图书馆荣誉退休主管

---

[1] 令：出版术语，是纸张的计量单位。1 令约为 500 张全张印刷用纸，1 张全张纸可折合成 2 个印张，因此 1 令即为 1 000 个印张。

Lachesis rhombeata.

马克西米利安·祖·维德亲王：
军人出身的博物学家

撰文 / 查尔斯·W. 迈尔斯

作者

 Prince Maximilian zu Wied，1782—1867

马克西米利安·祖·维德亲王

书名

Abbildungen zur Naturgeschichte Brasiliens

〔*Illustrations to the natural history of Brazil*〕

《巴西自然史图册》

版本

Weimar: im Verlage des Grossherzogl.

Sächs. priv. Landes-Industrie-Comptoirs，1822—1831

  马克西米利安·祖·维德亲王是拿破仑时代的一位军事将领，这位陆军少校在普鲁士骑兵队中表现十分优异。然而，维德自幼就热衷于自然历史，并最终认识了著名的博物学家兼南美探险家亚历山大·洪堡[1]，受他影响甚深。维德想进入巴西探险，这个国家对他的导师洪堡而言曾是个政治禁区。当拿破仑于 1814 年战败时，维德的旅行机会来了，他迅速做好了前往南美探险的准备。尽管拿破仑在 1815 年又重返战场，但亲王当时已身在巴西，很久以后他才获悉拿破仑在滑铁卢最终惨败一事。

  维德走遍了巴西大西洋沿岸的原野，造访当地土著，并收集爬行类、两栖类、鸟类和哺乳动物的重要标本。他

（左图）大西洋巨蝮（*Lachesis muta rhombeata*）是一种危险的巨蝮蛇，来自巴西的大西洋沿岸森林。

---

[1] 亚历山大·洪堡（Alexander Humboldt, 1769—1859），德国著名博物学家、自然地理学家，19 世纪科学界中最杰出的人物之一。

马克西米利安·祖·维德亲王：
军人出身的博物学家

Ceratophrys dorsata.Tem

图中是巴西角蛙（*Ceratophrys aurita*），由拉迪（Raddi）于 1823 年描述命名。维德在 1824 年为其确定了属名*Ceratophrys*，但拉迪更早前在这一属中定下的名称*Bufo auritus*取代了维德的异名*dorsata*和*varius*。

主要在三部经典著作中呈现了自己的研究成果：第一部是两卷本的《1815 年至 1817 年间在巴西旅行》（*Reise nach Brasilien in den Jahren 1815 bis 1817*），它在 1820—1821 年出版，是一部探险日记，其脚注中描述了一些新物种。这部作品的英文初版在伦敦发行，并找到了热切追求新世界奇闻的读者群。第二部是四卷本的《巴西自然史献礼》（*Beiträge zur Naturgeschichte von Brasilien*），它在 1825—1833 年出版，是一部一丝不苟的分类学综述，回顾了维德收集的所有物种。《献礼》的第一卷描述的是爬行类和两栖类动物。

维德关于巴西探险的第三部主要作品就是《巴西自然史图册》，单单一卷中就集齐

Coluber formosus.

这条假珊瑚蛇的学名为 *Oxyrhopus formosus*。

马克西米利安·祖·维德亲王：
军人出身的博物学家

（左图）这条食鸟的半树栖大蛇如今的学名为黄腹膨蛇（*Pseustes sulphureus poecilostoma*）。

（右图）在这幅综合性插图中，维德误以为他列入了两种蜥蜴，他把它们命名为*Anolis gracilis*和*Anolis viridis*。这个错误是可以理解的。图上方是一只正在展示其垂肉的雄性蜥蜴，下方则是一只雌性蜥蜴，蜥蜴两性异形的现象极为突出。上述两个种名是维德在1821年创造的，不过现在它们被鉴定为同一物种，即由多丹（Daudin）早在1802年命名的斑点安乐蜥（*Anolis punctatus*）。

了90幅手工绘制的雕刻图版。这部珍本在1822—1831年分为15期断断续续地出版发行，每一期都有一张印刷封面，并有六张绘有巴西动物的对开页，附有德文与法文写成的简短文字。尽管单幅图版上没有标号，不过一些图书馆为了装订书册在图版上用铅笔标了序号，而不同的机构标上的序号也是不同的——这些随意的编号有时在书目参考中被引用为原始数据，成为某幅图版的对应号码。之后的装订集册中往往缺失原版的封面和许多图版。（美国自然博物馆中的版本缺少两幅爬行类动物的图版，并且总共只有一张封面。）

　　维德在德国监督《图册》中的图版制作。他很了解，许多两栖类和爬行类动物的鲜艳色彩会在防腐剂中迅速褪色，因此他非常明智地在野外用笔和水彩为许多动物画了草图。之后，艺术家们参照亲王的绘图，将浸制的动物标本画成用于制作铜版的新图。维

自然的历史

德的水彩画和笔记提供了动物的颜色，而标本提供了包括鳞片排列形式等细节的分类学特征。根据画家们的彩画，色彩又被复制到每一幅印刷图版上。这些图版准确地展现了鳞片细节与颜色花纹的变化，并且往往往让研究者确认图中的标本种类。在许多展现鳞片或花纹的双侧不对称性的图画中，我们可以看出绘图是以镜像的方式被雕成铜版的，这在早期雕版中是司空见惯的事。不过，其中至少有一个例外，在增添了一个步骤之后，一只蜥蜴在铜版中保留了原来的朝向。

　　马克西米利安亲王在完成了对巴西生物的研究之后，又前往北美探险。他的这场探险更加闻名，1832 年他乘船抵达波士顿，在 1833—1834 年探索密苏里河流域。他聘请了卡尔（查尔斯）·博德默【Karl（Charles）Bodmer】结伴旅行兼描绘美洲原住民，后者是位娴熟的水彩画家。维德对探险的生动描述以及博德默令人惊艳的水彩画保存了一个人一生的学问，而这个人的生命很快就被传染病夺走了。维德死后，他的大部分动物标本收藏被卖给了美国自然博物馆。

　　人们一直弄不清楚该如何引用马克西米利安亲王的名字。他在 1825 年前出版的有些作品中用的名字都是复名维德–新维德（Wied-Neuwied）。而维德–新维德家族在 1824 年继承了维德–伦克尔（Wied-Runkel）的领地，于是该姓氏中的地理标志部分被正式废除了。亲王在 1824 年后就不再使用"维德–新维德"这个名字，但除了《图册》，因为要保持其编辑上的连续性。根据现代图书编目规则，正确的用法是他名字最后的格式——Wied，Maximilian，Prinz zu——这也是亲王自己偏爱的名字写法。有的时候，他的名字中会用上高贵的von，不过zu才是其家族几个世纪以来正式使用的间名。

查尔斯·W. 迈尔斯（Charles W. Myers）
美国自然博物馆脊椎动物学分部两栖爬行动物部的荣誉退休馆长

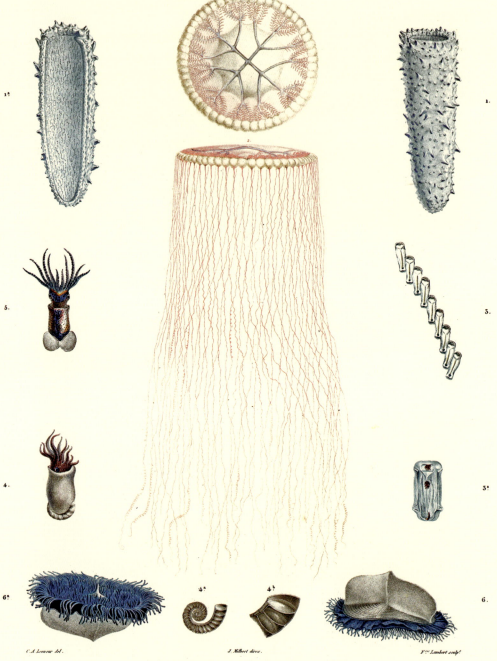

XXX.

MOLLUSQUES ET ZOOPHYTES.

C. A. Lesueur del.   J. Milbert direx.   F.ois Lambert sculp.

1. PYROSOMA *Atlanticum* . N.   1.ᵃ Coupe longitudinale du PYROSOMA.   4. SPIRULEA *Prototypos* . N.   4.ᵃ Coupe du test . 4.ᵇ Portion grossie .

2. CUVIERIA *Carisochroma* . N.   2.ᵃ CUVIERIA *Vue en dessus* .   5. LOLIGO *Cardioptera* . N.   5. CALMAR *Cardioptère* . N.

3. SALPA *Cyanogaster* . N.   3.ᵃ SALPA *Antheliophora* . N.   6. VELELLA *Scaphidia* . N. (*dessus*)   6.ᵃ VELELLA *Scaphidia* . N. (*dessous*)

De l'Imprimerie de Langlois.

发现新世界：
弗朗索瓦·佩龙的澳大利亚之旅

撰文 / 理查德·皮尔森

作者

François Péron，1775—1810

弗朗索瓦·佩龙

书名

voyage de découvertes aux terres australes: fait par ordre du gouvernement, sur les corvettes le Géographe，le Naturaliste，et la goëlette le Casuarina, pendant les années 1800, 1801, 1802, 1803, et 1804

（*Voyage of discovery to the southern lands: made by government order, on the corvettes Le Géographe, Le Naturaliste, and the schooner Le Casuarina, during the years 1800, 1801, 1802, 1803, and 1804*）

《南部大陆探索之旅》

版本

Paris: Imprimerie Impériale，1807—1816

（左图）软体动物与"植物形动物"图选。佩龙痴迷于这些动物，但同时也为之感到困惑，他不确定应该如何了解这里展示的这些物种，"它们并没有展现出明显的运动、消化、呼吸和繁殖方式，然而却以不计其数之势覆盖了海洋"。

15 岁离开学校，接着投身于法国大革命中，之后在巴黎学习医学与动物学，弗朗索瓦·佩龙似乎注定将在法国首都拥有成功的职业生涯。然而，他像是在一时冲动之下——极可能是出于一个结婚计划引起的烦乱——成为一支科研团队的一员，加入了探索南方大陆的漫长旅程。1800 年 10 月 19 日，在尼古拉斯·鲍丁（Nicolas Baudin）船长的带领下，这支由拿破仑·波拿巴钦定的探险队乘坐两艘船舰从法国勒阿弗尔出发，这两艘船舰分别叫作"地理学号"与"博物学号"。

NOUVELLE - HOLLANDE

Vue de la partie méridionale de la Ville de SYDNEY Capitale des Colonies Anglaises aux Terres

鲍丁探险队的主要任务是绘制澳大利亚海岸线以及那些尚未绘入地图的重要区域，此时离詹姆斯·库克首次澳洲航海之旅已过去了三十年，彼时库克只定位了这个大陆的东海岸线。南岸尤其不为人所知，然而在这侧海岸的探索发现上，鲍丁远远输给了年轻的英国船长马修·福林达斯（Matthew Flinders）。当时，法国和英国正在交战，英国政府得知法国的这次航海计划后，担心对手将秘密建立澳大利亚殖民地，因此匆忙派遣福林达斯前去争夺领土。尽管如此，鲍丁还是在 1802 年初率先勘探了两百英里长的海岸，西至因康特湾（Encounter Bay），东至班克斯海角（Cape Banks）。一年之后，鲍丁探险队首先绘制了袋鼠岛（Kangaroo Island）的南岸地图。探险队为众多地标定下的名字沿用至今，其中包括列奥弥尔海角（Cape Reaumur）、迪尤肯海角（Cape Duquesne）和笛卡儿湾（Descartes Bay）。

XXXVIII.

1803 年佩龙抵达时的港口城市，它将成为未来的悉尼。

　　对弗朗索瓦·佩龙而言，这次航海在发现及命名物种上的意义远超过了为地标命名。澳大利亚的植物与动物仍然神秘难解，它们是自然学者心中的未知水域。佩龙和他的同事吵吵嚷嚷地收集并研究所到之地的动植物，并且随时随地造访当地土著。比如在袋鼠岛上，佩龙收集了 336 种千差万别的生物，包括蜘蛛、昆虫、蠕虫、蜥蜴和海星。他的许多标本都是之前未知的物种。仅仅在国王岛（King Island）的两周时间里，佩龙和艺术家查尔斯－亚历山大·勒絮尔（Charles-Alexandre Lesueur）就采集到至少 15 个新物种，其中有海绵、管虫、软体动物，还包括一种藤壶。佩龙还在此采集到了一只无爪龙虾标本，之后一位英国动物学家为了纪念他，将无爪龙虾命名为佩龙扇虾（*Ibacus péronii*）。在返航回国时，科学家们收集了如此多物种，以至于卸货就花了整整两周时间——浸制的爬行类标本、贝类、植物标本、600 多种植物种子、70 大箱活的植物。

NOUVELLE-HOLLANDE : ILE DECRÈS.

CASOAR de la N.ᵉˡˡᵉ Hollande. (Casuarius novæ Hollandiæ Lath.)

（上图）国王岛的食火鸡——成年雄性（左），成年雌性（中）以及幼鸟，佩龙将其命名为 Ile Decrès。

（下图）第一幅完整详细的澳大利亚大陆地图，包括由鲍丁 / 佩龙探险勘探的南海岸线。

佩龙的字里行间透露出敏锐的科学意识。他认可生物地理学的一条基本原则：物种"依特定区域存在，在该区域内其种群达到最大化"。他还提及了物种的分化，这是自然选择过程的关键所在："在这些本应是相同物种的生物的最小差异中，我找到了非常重要的不同点。"佩龙的思想无疑受到了让-巴蒂斯特·拉马克早期进化理论的影响，他在巴黎时曾参加后者的讲座，不过，一直要到半个世纪之后，查尔斯·达尔文（Charles Darwin）和阿尔弗雷德·拉塞尔·华莱士（Alfred Russell Wallace）才能最终解决这个伟大的谜题，使佩龙的观察所得合乎情理。

当时的社会仅仅只是对"上帝创造的物种也会灭绝"这一概念略有所悟，就这一时代而言，佩龙对人类影响自然的忧虑可谓极富洞见。写到国王岛时，他提到当地的动物"没有飞行或自我防御的概念"，在这个岛上捕猎"将彻底毁灭所有这些无辜的动物"。就如澳大利亚历史学家爱德华·杜依克（Edward Duyker）所言，该岛特有的一个不同寻常的鸸鹋亚种现在已经灭绝了。

鲍丁探险队在1804年3月25日返回法国，但它的船长没能回到法国，他在返航途中死于肺结核。鲍丁的死使佩龙成为航行官方报告的执笔人，这份报告反映出船长与科学家之间苦大仇深的敌意。佩龙版本的旅程见闻在1807—1816年出版，包括两卷文本和两部地图集。不过佩龙却在1810年去世了，死时仅35岁，探险队中幸存的一位同事路易·德·弗雷西内（Louis de Freycinet）接手完成了这部作品的第二卷。地图集中有许多令人惊艳的插图，其中包括风景、当地土著，当然还有众多物种的图表与彩画。福林达斯因为被监禁在毛里求斯，直到1810年才返回英国。因此，第一幅完整详细的澳大利亚大陆地图（包括新近勘探的南岸）是在佩龙的作品中印刷出版的，这也许是它最重大的历史意义。

理查德·皮尔森（Richard Pearson）
美国自然博物馆生物多样性保护中心研究主任

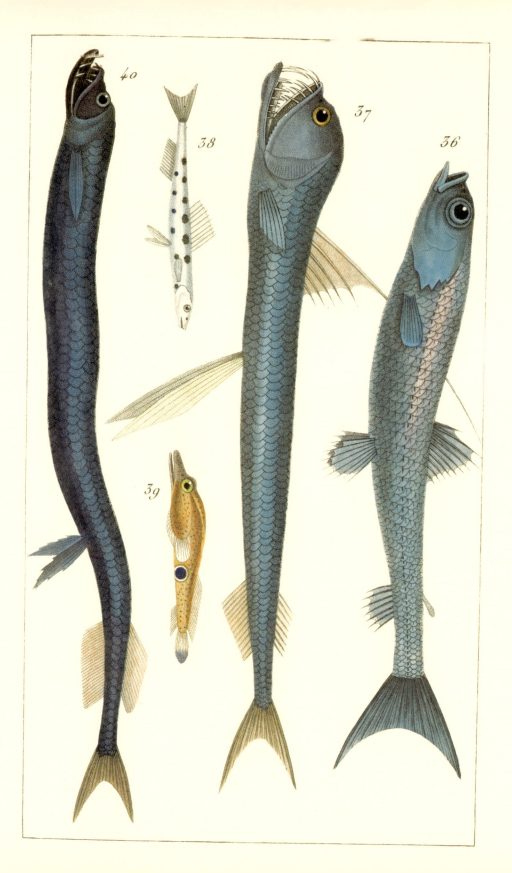

来自大海深处：
里索对深海生物的开拓性研究

撰文 / 贝拉·加利尔

作者

Antoine Risso，1777—1845

安托万·里索

书名

Histoire naturelle des principales productions du midi de l'Europe méridionale et particulièrment de celles des environs de Nice et des Alpes Maritimes

（*Natural history of the principal productions of southern Europe and particularly of those around Nice and the Maritime Alps*）

《南欧主要物产的自然史》（以下简称《自然史》）

版本

Paris: F.-G. Levrault，1826

（左图）发光巨口鱼（*Stomias boa*）【*Stomias boa boa*（Risso，1810）】。据说，这种带鳞的深海龙鱼生活在地中海 1 500 米深的水下。它有着犬齿般的尖牙、凸出的下颌——感觉器官以及腹部成排的发光器官。

作为一位典型的 18 世纪百科全书编纂人式的博物学家，安托万·里索是一位自学成才的收藏家兼多产的作家，他感兴趣的领域涵盖了动物学、植物学、地质学、古生物学和气象学。在自然科学被分隔成愈加精细的学科之当代，里索的作品向我们证明了业余爱好者们激情四溢的研究精神，在欧洲重新对自然世界恢复兴趣的过程中，他们扮演了重要的角色。

尼斯（Nice）是当时萨丁王国（Kingdom of Sardinia）的一部分，生于尼斯的里索 9 岁就成了一名孤儿，15 岁成为一名药剂师的学徒。植物学当时仍然是药典中重要的一部分，里索对这门学科从最初的兴趣渐渐发展成一种热情。24 岁时，他被委任掌管当地的一座植物园。在世纪之交拿破仑战争开始的时候，里索被分派到了他家乡的军医院里，这使他免于

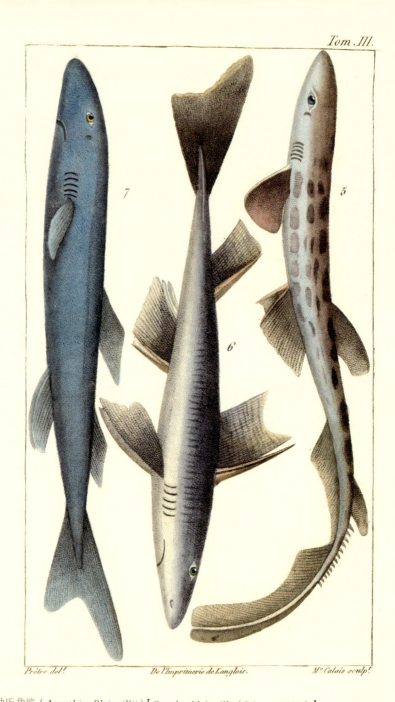

Prêtre del.   *De l'Imprimerie de Langlois.*   *Mc Calais sculp.*

中：勃氏角鲨（*Acanthias Blainvillii*）【*Squalus blainville*（Risso，1827）】。

左：小鳍睡鲨（*Scymnus rostratus*）【*Somniosus rostratus*（Risso，1827）】。

这两种深海鲨鱼都是里索首先描述的，长鼻的勃氏角鲨和小鳍睡鲨发现于地中海以及大西洋东北水域的大陆架与大陆坡上。

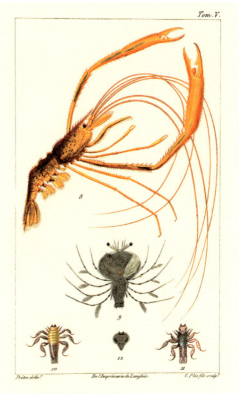

拟须虾（*Peneus foliaceus*）【*Aristaeomorpha foliacea*（Risso，1827）】。人们认为这种巨大的红虾是地中海深海渔业开采出的最有价值的物种，但它的生物特征表明，它对拖网捕捞的压力极其脆弱。

图正中是一只欧洲蝉虾（*Chrysoma mediterranea*）。*C. mediterranea* 是里索在 1827 年对它的命名，他描述并描绘了欧洲蝉虾的叶状幼体，这种生活于地中海及大西洋东部水域的琵琶虾有着极其轻薄扁平的透明身躯，在变态为成体之前，其幼体是以浮游方式生活的。

应征入伍。吞噬了整个欧洲的大骚乱并没能阻止他追求自己的天命。1810 年，里索出版了他的第一部作品《鱼类学》（*Ichtyologie*），或名《阿尔卑斯山海滨鱼类自然史》（*Histoire naturelle des poissons des Alpes Maritimes*）。巴黎之旅后，他的更多作品迅速相继问世。返回尼斯时，他已是皇家高等学校的物理与自然科学提名教授。

  作为一位热切的自然观察者及资源丰富的收藏家——不过缺少收集比较数据与进入科学图书馆的途径，里索那些论题广泛的作品被同时代人严厉批评，他们认为他是个缺乏专业知识的多产作家："里索的作品几乎涵盖了自然历史的所有分支，但他在任何一个领域都无法胜任。"【博圭格奈特（Bourguignat），1861】"资本家学者"的责难令里索大

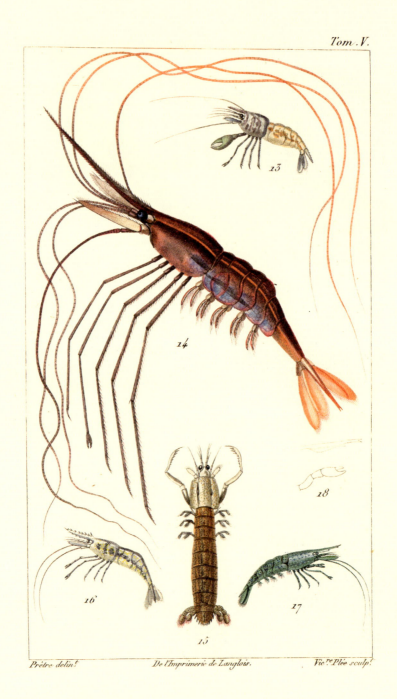

Prêtre delin.   *De l'Imprimerie de Langlois.*   *Vic.te Plée sculp.*

图中最下方正中间是一只推拿扁虾蛄（*Squilla eusebia*）【*Platysquilla eusebia*（Risso，1816）】。这种
螳螂虾发现于地中海以及大西洋东北部水域，以其锯齿状钩爪戳刺猎物。

受打击，余下的人生中，他在描述造物主装点在他家乡的无数生物时，不得不仅仅依靠自己的观察，手边也只有卡尔·林奈的一本《自然系统》，他没有途径去研究别人的收藏或图书馆藏书，对当时科学前沿的工作一无所知。但是历史才是最终的裁决者。

仔细琢磨里索关于尼斯海洋生物的作品，你会惊诧于其所描述的新分类单元的数量，它们是研究地中海生物区系（一地区的动植物）的基础。而考虑到这只是他的动物学研究中的一小部分，他的成就便显得尤为惊人，更别说动物学还只是他毕生作品中的一小部分。彼时，他是尼斯医药及化学预科学校的药用植物学及化学教授，是爱乐乐团的联合创始人，还是市政委员会一员。

热切的好奇心引领里索检视了当地深海渔民捕获的海产，而且没有放过他们丢弃的部分。他描述深达 3 280 英尺海水中收集的甲壳类和鱼类，其中包括了他的《自然史》中生动描绘的拟须虾（*Aristaeomorpha foliacea*）（见 157 页左图）。然而，当时的科学界选择相信荒谬的"无生命假说"，这一假说由英国博物学家兼地质学家爱德华·福布斯（Edward Forbes）提出，他声称在 300 英寻[1]以下的海水中没有生命存在，哪怕里索的发现已完全驳斥了这种论点。分类学是一门记忆绵长的学科，它只把荣誉颁给那些由时间证明其真知灼见的人，地中海里许多深海物种都是由里索命名，这些正确的学名被沿用至今。

美国自然博物馆中这部里索的《自然史》是约翰·克拉克森·杰（John Clarkson Jay，1808—1891）博士的著名收藏之一，后者是纽约的医生兼软体动物学业余研究者。美国自然博物馆 1874 年的年度报告中提及了这一捐献，"多达 5 万个标本的贝类收藏系列，以及珍稀贝类学及科学研究工作的珍贵藏书系列，其中有约一千部书籍，两个系列都由纽约的约翰·克拉克森·杰博士收藏而成。"博物馆建馆仅五年便收到了这笔丰厚的遗赠，它被称为"沃尔夫纪念礼"，是凯瑟琳·L. 沃尔夫（Catharine L. Wolfe）女士捐赠的，她是博物馆首位女性受托人，而且是博物馆首位主席约翰·戴维·沃尔夫（John David Wolfe）的女儿。

贝拉·加利尔（Bella Galil）

美国自然博物馆无脊椎动物学分部助理研究员

以色列国家海洋学研究所的高级研究员

---

[1] 英寻：测量水深用的长度单位，1 英寻 =1.829 米。

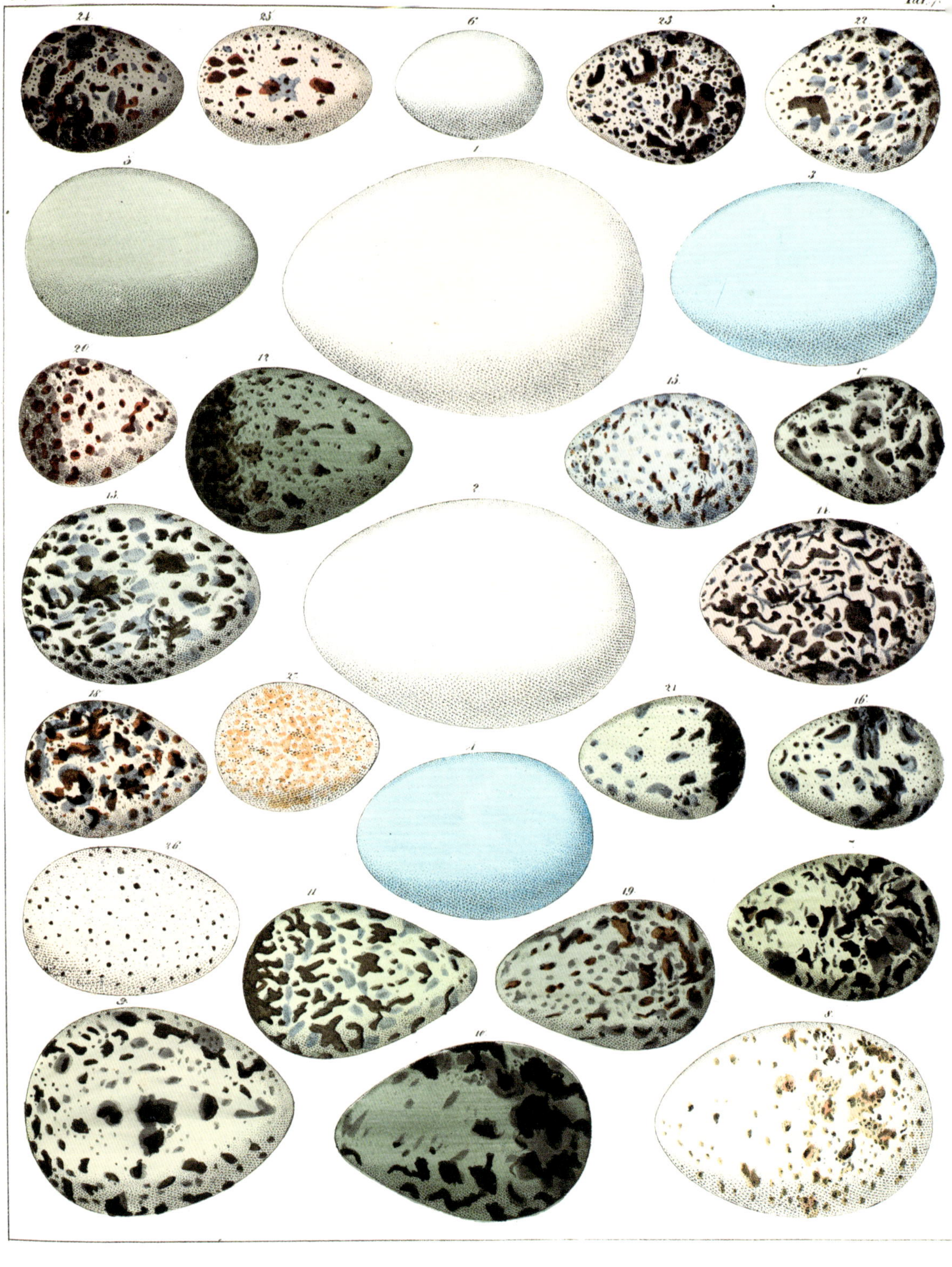

洛伦兹·奥肯和他的数字命理学奇幻之旅

撰文 / 乔治·F. 巴罗克拉夫

作者

Lorenz Oken，1779—1851

洛伦兹·奥肯

书名

Allgemeine Naturgeschichte für alle stände

(*A general natural history for everyone*)

《大众自然通史》

版本

Stuttgart: Hoffmann，1833—1843

（左图）奥肯在此图中展示了各种水鸟的蛋的颜色及特征差异。比如说，两个白色的大蛋来自欧洲的两种鹳类，两个蓝色的蛋来自欧洲的大型鹭鸟，而有斑点的蛋来自各种滨鸟。

洛伦兹·奥肯出生并成长于德国巴伐利亚一个贫穷的农场，但是他最终成为 19 世纪上半叶最著名的动物学家之一，是约翰·沃尔夫冈·冯·歌德（Johann Wolfgang von Goethe）和乔治·居维叶（Georges Cuvier）的学界同僚。他担任的主要学术岗位在德国和瑞士；他创建了一份影响力深远的杂志；他写了许多书，其中一本探讨的是兵法。除了广受欢迎的作品外，他因通用理论而最为知名，他的这些理论试图归纳物理学、化学和大自然的法则。

在 19 世纪初，人们认为科学理论本质上是哲学的一个分支，而且并不为实验结果所局限。在 20 岁出头时，奥肯成为之后占优势地位的自然学派的支持者之一，这个学派以著名德国哲学家伊曼努尔·康德（Immanuel Kant）的理念为基础。奥肯可以根据任何他认可的结构法则来为事物分类，他也可以并且确实提出了：个体发生学的理论；生命的细胞形成理

各种各样的卵，大多数是鸣禽的，还有两个有趣的鸟巢。上方是长尾山雀的巢，下方是攀雀的巢，两个巢都是用植物编织成的，也许需要鸟儿花费数周时间才能完成。球形巢顶有效地避免了卵被捕食者发现。对于巢上无顶的小型鸟类来说，卵上的斑点也许是伪装的保护色。

自然的历史

（左图）来自世界各地的六种水禽。它们都生活于水生栖息地，只不过都不是我们熟知的传统水禽
（如鸭子、鹅和天鹅）。水雉（左中）是一种一妻多夫制的禽类，雌性有多只伴侣，雄性负责筑巢、
孵卵，并照顾幼鸟。

（右图）由于图中左中部是欧洲大鸨，奥肯将这幅图版命名为"鸨"（Trappen）。不过事实上，我们
现在知道这幅图版中的其他物种都和鸨类无关。左上的渡渡鸟（dodo）在灭绝前喂饱了印度洋上许多
饥饿的水手，它实际上是一种不能飞的大鸽子。

论；光、色彩与热的性质学说；矿物的自然体系理论。他推测宇宙中任何事物及其整体的性
质与结构。遗憾的是，没有进步的世界观或实验证据，当时的结构法则大都只是数字命理
学[1]，而且就自然哲学家而言，它只是对3和5等数字的痴迷。奥肯出版了一本很有影响力
的专著，声称所有的生命——实际上是包括岩石和矿物在内的所有自然物——都可以依照映
射五感系统之精细的自然比例来构成。比如说，鱼有舌头，因此有味觉；蜥蜴有鼻子，因此
有嗅觉；鸟有开放的外耳，因此有听觉；而哺乳动物除上述器官外，还拥有可活动的、有双
眼睑的眼睛，因此具有极度发达的视觉。这一"本质"理论有时使不同物种被古怪地归结在
一起，而现在人们知道这些物种彼此间毫无关系。不过，它仍然为组织结构提供了重要的依

---

[1] 数字命理学（numerology）：指以数字为基础来解释物体或生命的任何一种信仰或传统。

六种相互之间没有联系的湿地鸟类。虽然其中只有三种在欧洲出现过，不过它们都画得相当准确，画家捕捉到了每种鸟类颈部、腿部和喙的特征。长腿使这些水禽可以在水中跋涉，不同的喙则适应于它们不同的捕食习惯。

自然的历史

据，并被奥肯用作他多卷本插图版自然史入门书的结构法则。

奥肯的著作《大众自然通史》是一部为所有读者所写的自然历史，其内容涵盖了从地质学（包括化石）到动植物学的各个领域，且包括非常详尽的人类解剖插图。这部受众广泛的入门书籍在 1833—1843 年陆续出版，包括十三卷文本，外加一卷图册，它算是一部流行的自然百科全书，可用于教学或一般参考。书中插画是由约翰·苏米尔（Johann Susemihl）雕刻并以平版印刷的。29 幅平版插画展示了鸟类、鸟巢以及鸟蛋，每一幅都是以手工着色的。图中的鸟类来自世界各地，鉴于时代原因，其中有许多鸟类是奥肯和苏米尔都不熟悉的。更确切地说，大多数插图都是从之前出版的其他书籍的插图中复制下来的。

对于现代自然史爱好者来说，奥肯的自然史也许显得古怪又神秘。卵的插图几乎和鸟本身的插图一样多，不过这反映了业余自然主义者对收集鸟蛋有着历史悠久的兴趣。在便宜又高质量的双筒望远镜尚未问世前，观鸟并不是一项广受欢迎的消遣，学习自然史的许多学生可能都是鸟蛋收藏家，他们往往痴迷于蛋的颜色、形状、大小及标志特征的差异。如今，普通公民收集鸟蛋或鸟巢已经是违法行为，而且专业鸟类学者将更多的注意力放在了鸟巢而非鸟蛋上。这反映了学界如今的兴趣所在——鸟类对窝巢位置及隐匿处的选择，以及精巧的鸟巢结构的演变。比如说，上图中就展示了长尾山雀精心编织的一个鸟巢，它的入口开在侧边，好将卵隐藏于潜在捕食者的视线之外，比如松鸡和鹰。

奥肯在脊椎动物的个体发生学领域贡献了一些实质性的观察结果，它们仍为现代研究者所欣赏。不管怎么样，到了 19 世纪下半叶，自然哲学家的数字命理学在实验科学的发展中陷落了。《大众自然通史》已被现代野外指南和自然史手册所取代，但科学历史学家们仍然在研究它。今天，它是珍本书商和藏书家们搜寻的标志性书籍之一，同时也是 19 世纪自然史书籍中的瑰宝。

乔治·F. 巴罗克拉夫（George F. Barrowclough）
美国自然博物馆脊椎动物学分部鸟类学科副研究员

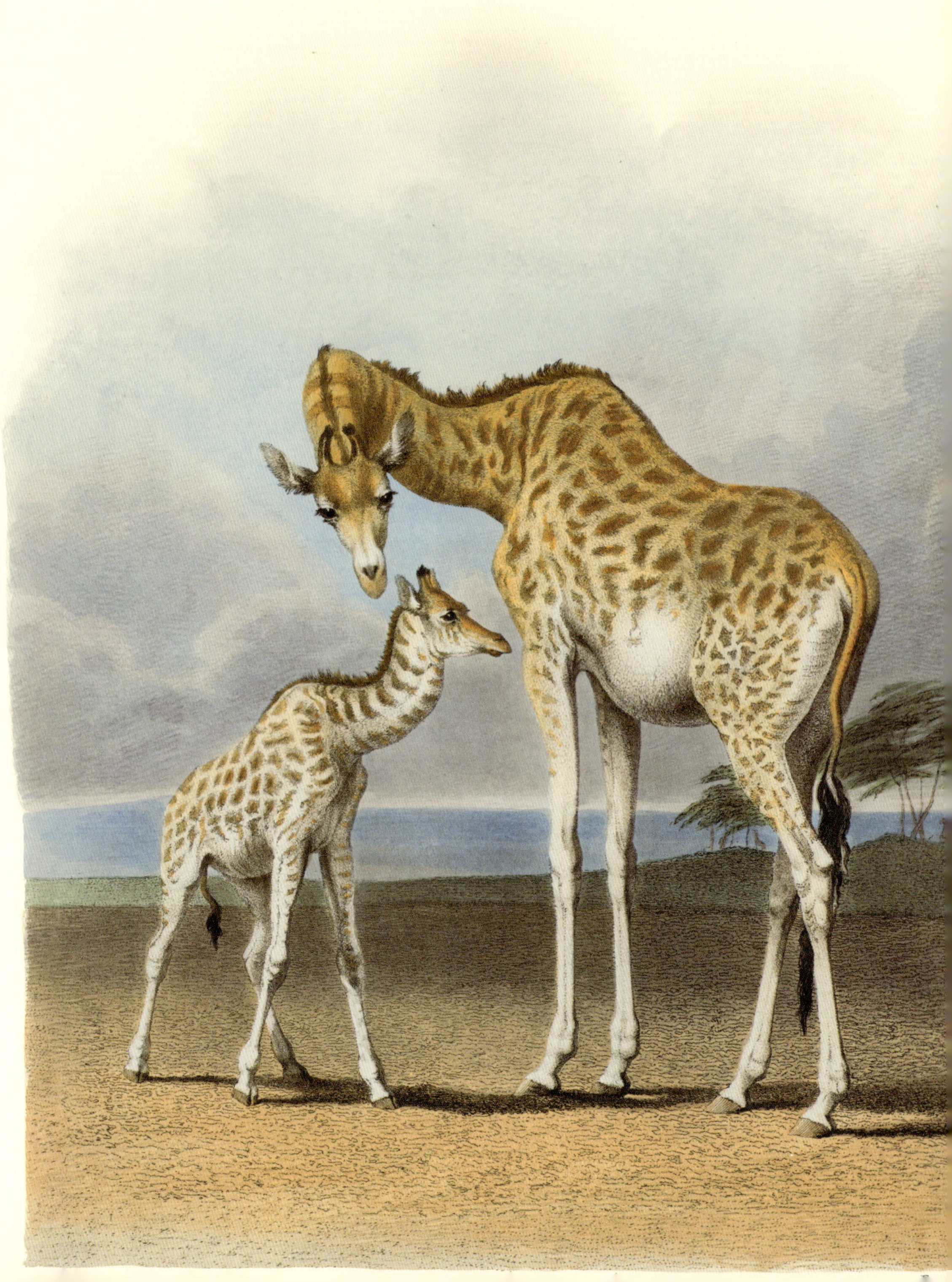

为科学服务的艺术

撰文 / 妮娜·J. 鲁特

书名

Proceedings of the Zoological Society of London

《伦敦动物学会集刊》

版本

London: The Society，1833—1965

书名

Transactions of the Zoological Society of London

《伦敦动物学会汇报》

版本

London: The Society，1835—1984

《伦敦动物学会集刊》和《伦敦动物学会汇报》这两份杂志是重要的信息传播站，向人们展示着世界各地发现的未知的物种，它们大多来自奇异的远方。18 世纪和 19 世纪是属于伟大探险队的时代，队员们鉴定无数新物种，带着活的生物以及浸制的标本返程，以满足好奇的欧洲公众和那些急于了解这些"新"生物的自然科学家们。

在访问巴黎时，大不列颠异域殖民地的体制产物、英国政治家托马斯·斯坦福·莱佛士爵士（Sir Thomas Stanford Raffles）对巴黎植物园及其动物园印象深刻，园中的许多居民是从法国殖民地和属国进口的。他疑惑为何英国没有相似的机构，以研究并展示大英帝国的动物资源及其多样性。1826 年，莱佛士和伦敦皇家学会主席汉弗莱·戴维爵士（Sir Humphry Davy）成立了伦敦动物学会（Zoological Society of London），

（左图）伦敦动物园中一只新生长颈鹿和它的母亲。艺术家罗伯特·希尔（Robert Hills，1769—1841）是水彩画家协会（Society of Painters in Watercolour）的创始人，这是他为伦敦动物学会《汇报》与《集刊》绘制的唯一一幅插图。

J Smit del et lith.

L/3

Mintern Bros. imp.

AMMODORCAS CLARKEI.

索马里瞪羚（*Amadorcas clarkei*）的头部，图中比例为其实际尺寸的三分之一。约瑟夫·斯密特（1836—1929）绘制了这幅插图，并以平版印刷。斯密特被认为是沃尔夫死后英国最杰出的动物画家。

（左图）齿鹑（Coly），或称非洲鼠鸟，由约翰·杰拉德·凯尤利曼（John Gerrard Keulemans）所画。凯尤利曼是位荷兰艺术家，他迁居至英国，在那里为鸟类书籍绘制插画。这些鸟类颜色明亮，且描绘准确。

（右图）食蝠鸢（*Macheirhanphus alcinus*）的生活范围甚广：从撒哈拉沙漠以南的非洲和南亚至澳洲新几内亚。约瑟夫·沃尔夫（1820—1899）被视为19世纪最优秀的鸟类画家，他在插图中还绘出了食蝠鸢的眼、喙、爪的特写。

为科学服务的艺术

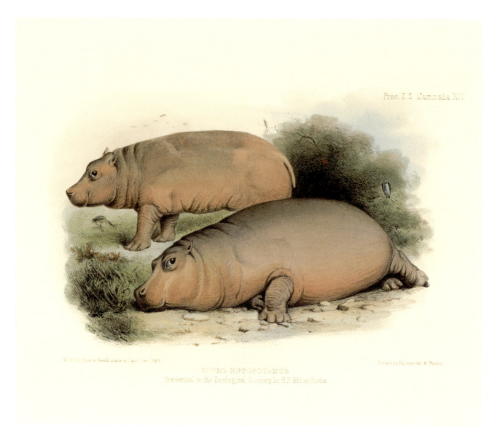

YOUNG HIPPOPOTAMUS
Presented to the Zoological Society by H.H Abbas Pacha

小河马，奥巴亚斯科（Obayasch，1849—1878）在等待前往伦敦动物园时，绘于英国领事馆的开罗花园。领事默瑞先生（Mr. Murray）形容这些河马就像纽芬兰的小狗一样顽皮。动物学会的首席画家约瑟夫·沃尔夫根据草图为这些可爱的小家伙上了色。

以"引进活体动物的新种类、品种或种族……它们或可适于实际目的，如农场、森林、荒地、池塘或河流，或可构成通用动物收集，以预留标本的形式用于不同的课程与要求，如此使人领略动物王国的整体观感"。虽然没有在宗旨中阐明，不过众所周知，莱佛士憧憬着能建立一个动物园。1826 年 4 月 29 日，在动物学会的第一次全体大会上，它的目标被修正为"活体动物收集系统化；动物标本博物馆；与主题相关的图书馆"。接下来的一年，女性被允准加入动物学会，这是科学协会的首例——对自然的研究已被当时的社会认可为女性正当的兴趣。女性成员无须进行智力测试。学会却并不支持"女士们"参加会议，因为崇尚端庄的维多利亚女王时代禁止在女性面前提及解剖、四肢、繁殖或性器官。

学会定期召开例会，汇报新近的动物学调查结果与新发现。为了避免与当时圣经的造物理论相冲突，人们避开了理论研究，只研读新发现或物种编目的描述报告。学会鼓励来自大英帝国、欧洲与美国各地的相应成员汇报他们发现的新物种。为了广泛传播科学发现，《伦敦动物学会集刊》于1833年率先出版发行，而《伦敦动物学会汇报》紧随其后，于1835年出版，上面发表了深入探讨的学术文章。这两本期刊成为科学探索发现的重要出版源。当时最重要的科学家在学会的会议上提交论文，描述动物园的新增物种、新发现的物种以及解剖发现。参与的名流包括理查德·欧文斯爵士（Sir Richard Owens）、H. 戈德温－奥斯丁（H. Godwin-Austen）、约翰·古尔德（John Gould）、吕西安·波拿巴亲王（Prince Lucien Bonaparte）、P. L. 司克拉特（P. L. Sclater）和沃特·罗斯柴尔德（Water Rothschild）。

1848年，《集刊》开始为它的科学报告配上插图，以视觉艺术支持博物学家的论文。（《汇报》自1835年发行始便已配有插图。）科学家们搜寻最优秀的艺术家来为他们的文章作画，由于19世纪汇聚了不少最伟大的自然史艺术家，他们的可选范围相当广：约瑟夫·沃尔夫（Joseph Wolf），许多人都认为他是那个世纪最出色的鸟类插画家；爱德华·李尔（Edward Lear）以打油诗闻名；约瑟夫·斯密特（Joseph Smit）；约翰·凯尤利曼（John Keulemans）；伊丽莎白·古尔德（Elizabeth Gould）；还有亨利克·格罗沃尔德（Henrik Gronvold）——他们只是为出版物出力的优秀艺术家中的一部分。动物园为众多插图提供了模特。

1965年，《集刊》被《动物学期刊》（*Journal of Zoology*）合并，而《汇报》在1984年被合并。随着摄影时代的到来，艺术插画被照片所取代。物种的科学描述（包括对未知动物的首次分析）直至如今依然具有重要的科学价值，为这些描述锦上添花的、丰富多彩的自然史艺术也仍然因其美丽与科学意义而为人称赞。

尼娜·J. 鲁特（Nina J. Root）
美国自然博物馆学术图书馆荣誉退休主任

1.

3.

2.

世上第一部两栖动物和爬行动物综述

撰文 / 克里斯托佛·J. 拉斯沃斯

作者

André-Marie-Constant Duméril，1774—1860

安德烈 - 玛利 - 康斯坦特·杜梅里尔

Gabriel Bibron，1806—1848

加布里埃尔·比布龙

Auguste Henri André Duméril，1812—1870

奥古斯都·亨利·安德烈·杜梅里尔

书名

Erpétologie générale, ou histoire naturelle complète des reptiles

（*General herpetology, or complete natural history of reptiles*）

《爬行动物学概述》（或名《爬行动物的完整自然史》）

版本

Paris: Roret，1834—1854

（左图）图1是疣鳞避役（*Furcifer verrucosus*，马达加斯加巨人疣冠变色龙）。肿胀的尾根部和高翘的后脑说明这是一只成年雄性。图2是细鳞变色龙（*Chamaeleo senegalensis*，塞内加尔变色龙）。许多变色龙都有可伸长至身体两倍长的舌头。图3是一只雄性双裂避役（*Furcifer bifidus*，马达加斯加双角变色龙）的头顶视角图，雌性没有这对角，我们至今仍不清楚这对角的功能。

18 世纪初，世人对两栖动物和爬行动物的全球多样性仅有粗浅的了解。然而，对于法国国家自然博物馆而言，这却是其爬行动物藏品爆炸式增长的时代，因为随着法国经济与军事实力的增长，来自世界各地的标本也与日俱增。作为博物馆中的鱼类学及爬行动物专家，安德烈－玛利－康斯坦特·杜梅里尔开始负责创建世界上最大型且最多样化的爬行动物收藏系列。

杜梅里尔是一位受过训练的医生及解剖学家，1803 年，乔治·居维叶提名他接替拉塞佩德伯爵（Count de Lacepède）成为博物馆鱼类学及爬行动物学的主管。杜梅里尔的研究方向

1. Dactylèthre du Cap. 1a. Sa bouche ouverte. 2. Tête de Pipa vue en dessus. 2a. Une de ses pattes de devant.
2b. Une de ses pattes postérieures.

Prêtre pinx.   *Annedouche sc.*

顶部展现的是非洲爪蟾（*Xenopus laevis*）。这种完全水生的蛙类为了人类的妊娠试验而在实验室中被大量培殖。它的爪子可以抓耙猎物，并协助清扫。底部左边是负子蟾（*Pipa pipa*，苏里南蟾蜍或星指蟾蜍）。这种扁平的蛙类有着奇异的指尖，可用于在河底淤泥中探测猎物（大多是无脊椎动物）。

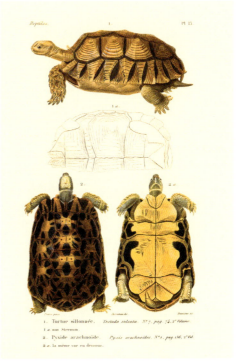

（左图）非洲岩蟒（*Python sebae*）是非洲最大的蛇类，曾有长达 20 英尺的标本。这一物种往往以伏击方式捕猎，用它的颌部攻击并攫住猎物，而后用强壮的身体肌肉缠勒猎物使其窒息而死。它的猎物包括啮齿类动物、猴子、羚羊、巨蜥，甚至还有鳄鱼。

（右图）上方是苏卡达象龟（*Geochelone sulcata*，非洲刺龟）。这种巨龟是世界上最大的大陆龟，重量可达 200 磅。下方是蛛网陆龟（*Pyxis arachnoides*，马达加斯加蛛网龟），它是马达加斯加最小的龟类之一。这一物种生活在干旱的沿海地区，它有一个不寻常的习性——每次只产一粒巨大的卵。

集中在为所有两栖类和爬行类的属修正制订更高级的新分类系统，以及为当时陆续被发现的诸多新物种提供详尽的描述。在后一个繁重的任务中，由他的首席助理加布里埃尔·比布龙协助，后者于 1832—1848 年仔细观察并描述了博物馆中的许多藏品。1834 年，他们出版了《爬行动物学概述》的第一卷，其终极目标是向世人提供世界上关于两栖动物和爬行动物的第一部科学综述作品。

从 1834 年到 1854 年，《爬行动物学概述》的出版跨越了二十年，它是一部九卷本（第七卷有两册），1854 年还出了一部图册。这一系列详细描绘了 1 393 个物种，配以 108 幅优

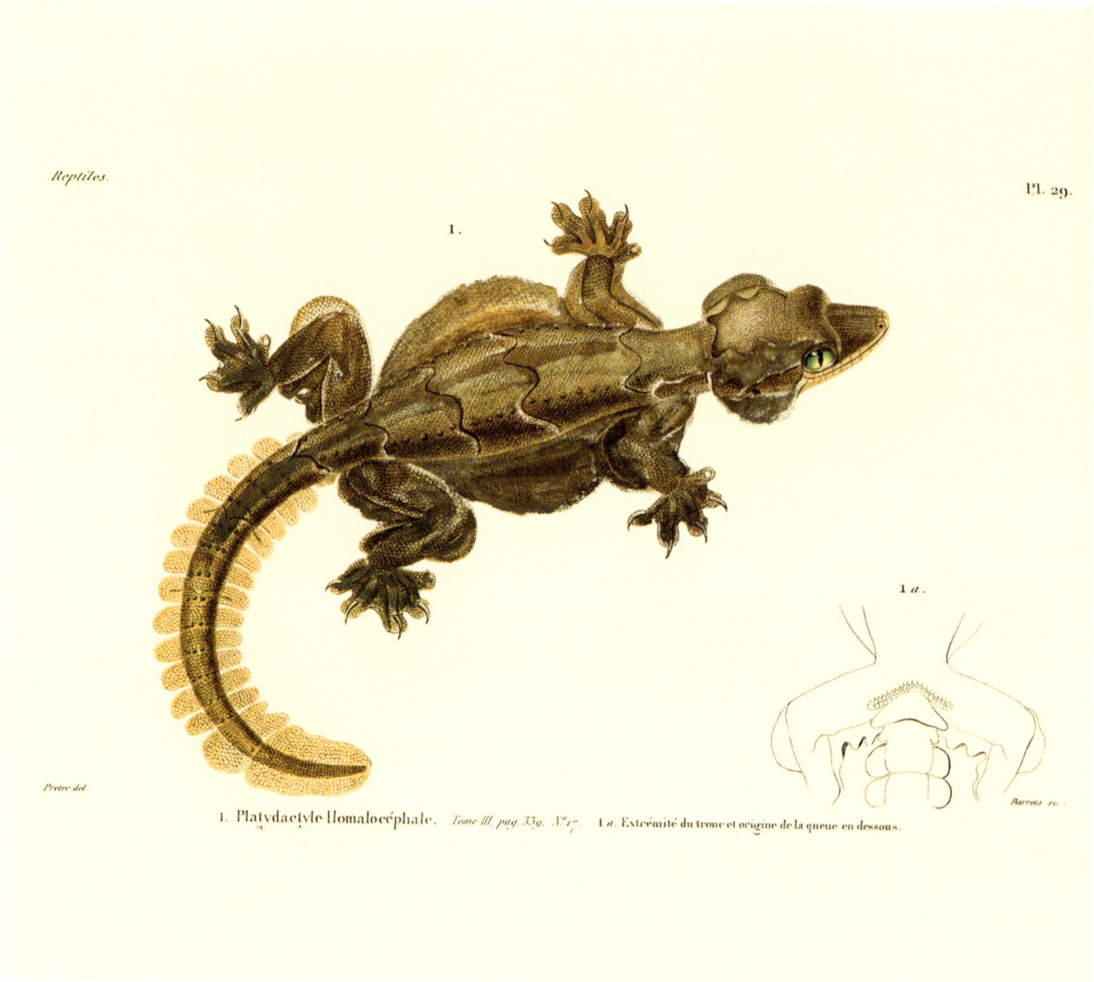
Reptiles.
Pl. 29.
1.
1 a.
Pretre del
Barraband sc.
1. Platydactyle Homalocéphale. Tome III, pag. 339. N.° 17.
1 a. Extrémité du tronc et origine de la queue en dessous.

图中是伞虎又称飞蹼守宫（*Ptychozoon kuhli*）。这种东南亚壁虎的身体、四肢以及尾部有皮翼，且指部与趾部有连膜，这些特征有两种用途：（1）使它可以在丛林树冠间滑翔、飞落；（2）使它可以与树皮融为一体，避开鸟类等捕食者的追捕。

美的画作（并非如图册扉页所说的 120 幅）。这些手工着色的彩图栩栩如生地展现了生物标本。描摹这些标本要求画家和作家有相当高的技巧，并且也需要一些想象力，尤其是关于它们生前的颜色，那些色彩在生物死后是不可能保存下来的。这部作品中描绘了许多新物种，且每一群组都附有完整的参考文献与生物学摘要。

整部作品强烈地表现出作者的自信、专业与认知，如今阅读这部著作，你仍然会觉得其目录全面又完整。令人遗憾的是，在整部系列完成之前，加布里埃尔·比布龙于 1848 年因肺结核英年早逝，致使出版过程突然中断。不管怎样，杜梅里尔的儿子奥古斯都·亨利·安德烈·杜梅里尔接手比布龙的工作，完成了卷七、卷九和图册。在整整二十年编辑出版历程中，早期的卷册不可避免地有缺憾，因为大量新标本源源不断地在巴黎登记造册，而且新的物种也屡有描述。然而有趣的是，作者们选择了不去更新或补充《爬行动物学概述》的早期卷册，也许是因为他们意识到了物种多样性只会不断扩展，而且安德烈－玛利－康斯坦特·杜梅里尔的主要兴趣仍是为两栖动物和爬行动物制订更高级的分类系统。

无论怎样强调《爬行动物学概述》在爬虫学领域的重要性都不过分。这一系列为爬行动物学参考书目设置了一个标杆，当时的许多重要科学实验室中都存有这套书，而且，由于其对物种描述的精确度，如今它仍然被广泛使用并引用。不过，如今的学界认为安德烈－玛利－康斯坦特·杜梅里尔使用的分类系统是完全超出常规的。比如说，在《爬行动物学概述》中，两栖类被归为爬行动物类的四个类群之一，其他类群是龟类、蛇类和蜥蜴类（最后一类还包括了鳄鱼）。

美国自然博物馆的《爬行动物学概述》是 1922 年罗伯特·L. 斯图尔特（Robert L. Stuart）的实验室赠送的，他是博物馆的创始人之一，也是博物馆的第二任主席。因为这一套书的学术功用及其学术上的长寿，博物馆图书馆将图册卷中的插图装订进了相应的每一卷中，以便研究者们更有效地使用。这套书的科学价值直到 21 世纪初仍丝毫不减。最近它的完整数字版已在生物多样性遗产图书馆（Biodiversity Heritage Library）在线发布——美国自然博物馆是该图书馆的创办成员之一。并且，在本文的撰写过程中，博物馆图书馆中这一部作品的近半卷册都出借在爬行动物学者员工手中。图书馆中这些珍贵的原始版本及其数字版本共同证明了——《爬行动物学概述》将继续作为爬行动物学研究领域的活跃资源而存在。

克里斯托佛·J. 拉斯沃斯（Christopher J. Raxworthy）

美国自然博物馆脊椎动物学分部爬行动物部助理馆长及科学教育展览部副院长

布立特的星图

撰文 / 奈尔·德葛拉司·泰森

作者

Elijah H. Burritt，1794—1838

艾利亚·H. 布立特

书名

Atlas designed to illustrate the geography of the heavens

《星图以示诸天地舆》

版本

New York:【multiple publishers】，1835—1856

在尚无文字的蛮荒时代，当所有人都坚信上天掌控着我们的命运时，苍穹是编故事人的画布。不同的文化有着不同的传说，倾听者以自己的想象力进一步渲染这些故事，而它们便为我们的祖先构成了一部共享的口述历史。

多少世纪前浪漫的天空神话流传至今，不过它们已经褪色成一种古趣的提示，让我们记得最早的先人是如何试图理解并诠释天空的。我们并没有为那些星座更名，没有将那些故事修改得更加现代，也没有重新划分疆界。星星们依然如故地装点着天幕——成千上万的星星，构成 88 个星座，纵横夜空。

最早的星座图充其量只是让人们知晓了星辰的正确位置、它们的相对亮度以及绘图者重现神话的心愿。不过，到了十八九世纪，天文绘图者可以学习的宇宙科学知识也越来越多。几乎就像是在这股渗透的力量面前退缩了一样，天文图变得不那么华丽了——星座所表示的意义渐趋简单，而同时，人们对宇宙的探索渐渐深入，先是沿着边界摸索，接着便占领了

（左图）布立特星图的一大特色是这些天体图，图中展示了可见的星辰和星座，它们被描绘为神灵或神话中的动物，又或是同时代的科学器材。

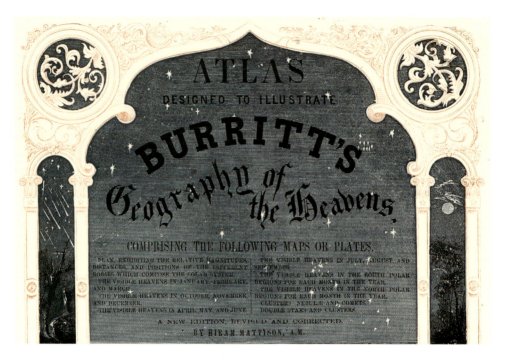

布立特将他的星图打造成了星象仪的廉价替代品，从而鼓励公众通过他们自己的观察直接了解天文学。他的星图有多个版本，在1835—1856年出版，发行了30多万册。

太阳、月亮、行星和恒星的数据库。天文图不再单纯出于我们的想象，它们还将蕴含着科学历程的详细记录。

19世纪尤其见证了海王星的发现、光谱学的应用、恒星上化学成分的相关发现、夜空中非星天体的完整目录、太阳及其斑点的详尽观察报告以及对太阳系行星、卫星、小行星和彗星的无数轨道的精准理解——那是由引力编排的宇宙的舞蹈。

艾利亚·布立特的天体书在19世纪便有更新的版本相继问世，是星图从艺术品向参考资料和观星工具转变的典型例证。季节星图的星座形象依然展现着预料中的神话细节，然而，它们仅在较早的版本中以手工着色，在后期的版本中，它们只是线和点。在所有版本的书页最后都有以麦卡托投影法[1]所绘的全天星图，而该图中没有绘出星座，读者只能看到星辰、银河的

---

[1]麦卡托投影法（Mercator map projection）：得名于地理学家、地图学家杰拉杜斯·麦卡托，又称正轴等角圆柱投影，在以这种投影法绘制的地图上，任何位置的经纬线皆为垂直相交，使地图可以绘制在一个长方形上。麦卡托于1569年以此方式绘制发表了世界地图。

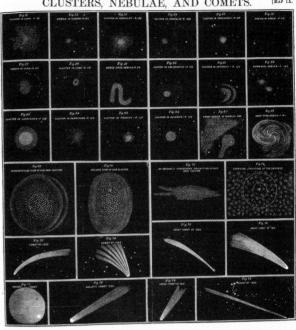

这些图表之后被添加到了布立特的星图中，它们展示了众多天体，诸如双星系统、星团、星云和彗星，其中包括 1689 年彗星、1744 年彗星、1680 年大彗星、1811 年大彗星、哈雷彗星、1819年大彗星以及 1843 年彗星。

　　　　　　　　　　　　　布立特的星图

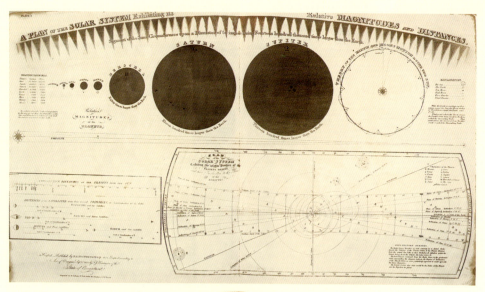

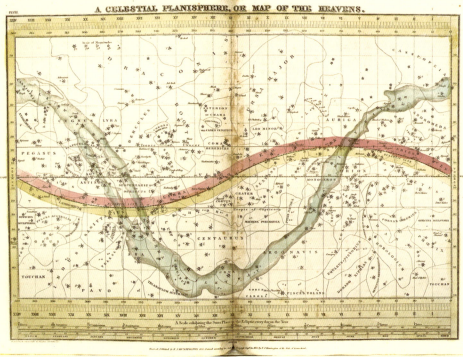

轮廓以及人为编排的天空坐标网格。同时，整页整页的篇幅被用来展示太阳系中已知行星、卫星、彗星与小行星的数据——尤其是它们的相对大小及距离。作者进一步用大开页提供了行星及彗星的环日轨道雕版插图，其详细程度与精确度几乎达到了自我夸耀的地步。

鉴于近来学界对冥王星行星身份降级的讨论，人们不由自主便会注意到布立特行星列表在 19 世纪 30 年代的版本。它们包括当时新近发现的四颗行星：谷神星（Ceres）、智神星（Pallas）、灶神星（Vesta）和婚神星（Juno）。然而到了 19 世纪 50 年代，人们又发现了数十颗在太空公共领域绕太阳运行的行星，它们将全部被重新定级为小行星——这是当时新创造的一个等级。那个时代探索发现的进程是如此之快，以至于它对星图出版者而言就像是个令人忙碌不堪的美梦，因为他们要随时将最前沿的宇宙发现传达给读者。当然了，在更早的时代，那些只拥有夜空千年传说的星图就完全没有更新的必要了。

在布立特星图最后的版本中，你甚至能找到各种缩略图，展示着双星系统、星团、星云以及夜空中可观察到的其他有趣天体。20 世纪层出不穷的星图几乎完全不再描绘星座，它们大都只是朴素的线条画。是的，边界已被正式指定，但这些书籍主要是观星者的入门书，上面罗列着适合用家庭望远镜观测到的天体——正如艾利亚·H.布立特必定预想过的未来星图一样。

奈尔·德葛拉司·泰森（Neil deGrasse Tyson）

美国自然博物馆海顿天文馆天体物理学家

兼弗雷德里克·普里斯特·罗斯地球与天空中心主任（Frederick Priest Rose Director）

（左上）威廉·赫歇尔（William Herschel）于 1781 年发现了天王星，将其称为"乔治之星"（Georgium Sidus），以向英国的乔治三世致敬。包括布立特在内的美国人则以其发现者的名字称呼这颗行星。天文学家约翰·埃勒特·波得（Johann Elert Bode）建议将它的名字改成"乌拉诺斯"（Uranus）——古代希腊天空之神，不过这个名字直到约 1850 年才被普遍使用。

（左下）1856 年，出版商亨利·维特奥（Henry Whitall）根据布立特的星图制成了一份球体投影图，本质上就是一个平面版的天体观测仪，展现了北纬 40 度任一时刻的天体排布（这一纬度上的城市包括费城、丹佛和旧金山）。

阿尔西德·德·奥比格尼：达尔文的竞争对手

撰文 / 尼尔斯·尔德雷奇

作者

Alcide Dessalines d'Orbigny，1802—1857

阿尔西德·德萨利纳·德·奥比格尼

书名

Voyage dans l'Amérique méridionale: le Brésil, la République Orientale de l'Uruguay, la République Argentine, la Patagonie, la République du Chili, la République de Bolivia, la République du Pérou, exécuté pendant les années 1826,1827,1828, 1829, 1830, 1831, 1832, et 1833

（*Voyage in South America: Brazil, the Oriental Republic of Uruguay, the Argentine Republic, Patagonia, the Republic of Chile, the Republic of Bolivia, the Republic of Peru, made during the years 1826, 1827, 1828, 1829, 1830, 1831, 1832, et 1833*）

《1826—1833 年的南美航程：巴西、乌拉圭东岸共和国、阿根廷共和国、巴塔哥尼亚、智利共和国、玻利维亚共和国、秘鲁共和国》（以下简称《南美航程》）

版本

Paris: Pitois-Levrault, Strasbourg, Ve. Levrault, 1835—1847

（左图）美洲大赤鱿（*Loligo gigas*），现在学名为 *Dosidcus gigas*，又称为洪堡乌贼，这是一种好斗的夜行食肉动物，栖息于东太平洋水域。德·奥比格尼曾报告称发现这种大型动物在数百英里长的智利海岸线上大批相继死去。

伟大的自然探险家、地质学家及古生物学者阿尔西德·德萨利纳·德·奥比格尼生于 1802 年的法国。他最负盛名的是作为一位古生物学者开创了微观化石研究以识别不同的地质时代，并在法国古生物学领域创下了不朽的功绩。他被视为微体古生物学之父，是他最初将那些微小的带壳变形虫的重要族群命名为有孔虫类。

不过，作为一位极其杰出的自然学家，德·奥比格尼在这

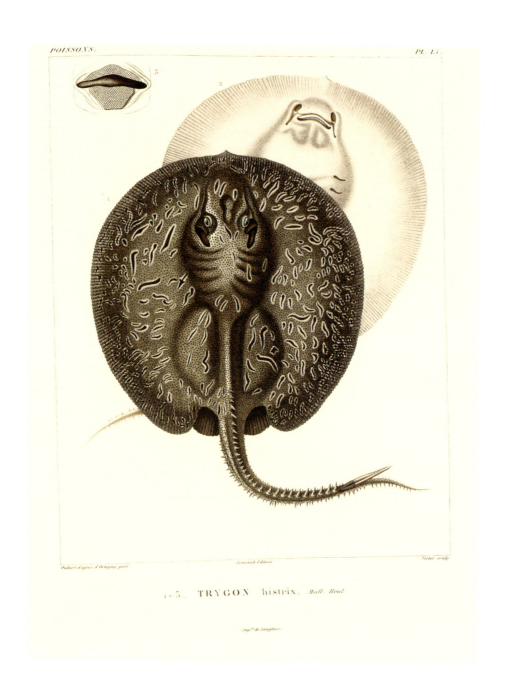

1-5. TRYGON histrix. Mull. Henl

如今学名为*Potamotrygon hystrix*的多棘江魟是一种淡水鱼类，它尾部末端的倒刺带有剧毒。印第安人用这种毒涂抹箭头，且"对这种鱼类的惧怕胜过食人鲳"。

自然的历史　　　　　　　　　　186

Berner pinx.ᵗ   Levrault Editeur   François sculp.

CALITRIX entomophagus d'Orb.

Impr.ᵉ de Langlois.

德·奥比格尼将哺乳动物的部分放到了书的末尾，然而其他部分的工作令他不堪重负，以致哺乳动物部分的描述非常简短。图中的黑冠松鼠猴被发现于玻利维亚，它们在那里过着大型群居生活，主要以节肢动物为食。

方面的成就却并不那么出名。他在南美洲南部的经典探索之旅花费了六年时间，比更为人熟知的达尔文"小猎犬号"南美探险（1832—1835）大约早了六年。1826—1833 年，德·奥比格尼访问了巴西、乌拉圭、阿根廷、智利、玻利维亚和秘鲁，在人类学、动物学、植物学以及南美古生物领域获得了重要的观察结果，并收集了数量庞大的标本，包括昆虫、鸟类、哺乳类、爬行类、两栖类、鱼类、植物和非昆虫类的陆生及海生无脊椎动物。他还收集化石——这是他终生激情的重心所在，并观察地理与地质。据称，他的藏品中单单是活的有机体就总计超过了 9 000 种，而且其中有许多是新发现的物种。

返航时，德·奥比格尼转而投入重要的出版任务中，出版对象是他艰苦而多产的南美探险所带回的科学成果。1835—1847 年，他出版了 11 卷详细划分学科的作品，总共有 4 747 页，包括 555 幅平版印刷的图版。这些卷册共同组成了他的《南美航程》。

回国不久，他就全身心投入到一项法国岩石及化石的研究中，同时研究的还有软体动物化石及世界地层分带性，除此之外还忙于提炼他的各项理论总结——可以说这项工作也是里程碑式的。不过，德·奥比格尼和查尔斯·达尔文的远距离交流，可以算是他在科学史上鲜为人知但最伟大的贡献之一。

达尔文在出发前往南美之时还是一位初出茅庐的自然学家，他对德·奥比格尼的存在可谓极度关切，而仍然身处南美的后者是一位经验丰富的老手。达尔文曾在 1832 年和 1835 年两次写信给他的导师约翰·斯蒂文斯·亨斯洛（John Stevens Henslow）表达自己的焦虑，他担心德·奥比格尼将拔得头筹。而事实上，他的忧虑不可避免地成为了事实。最为讽刺的是，有时仍被称为 "Darwin's rhea" 的美洲小鸵，事实上是由德·奥比格尼发现并命名的，而这种鸟类对达尔文早期的进化论思想极其重要。达尔文一方面受这位前辈的启发，另一方面又要与这位对手竞争。

我们可以公平地说，德·奥比格尼在许多方面都可能是更优秀的自然学家。19 世纪 40 年代，当两个人都在忙于记录他们的成果时，达尔文似乎赞同德·奥比格尼的观点，尤其是在化石记录这一方面。后来，达尔文将德·奥比格尼的南美自然史专著系列及插图称为 19 世纪科学界的里程碑之一。哦，当然了，带着进化理论从南美归来的是达尔文。

德·奥比格尼仅仅是一位自然的描述者而非理论家吗？绝非如此。他逝世时，离达尔文出版《物种起源》（On the Origin of Species）的 1859 年仅还有两年。他从未成为一位进化论者，这是因为他的导师是著名的古生物学家兼比较解剖学之父——乔治·居维叶。居维叶不是进化论者，而是"灾变论者"，他认为在地质历史上是旧的动物族群全部灭绝，而后新物种才全体重新产生。

Pl. 2.

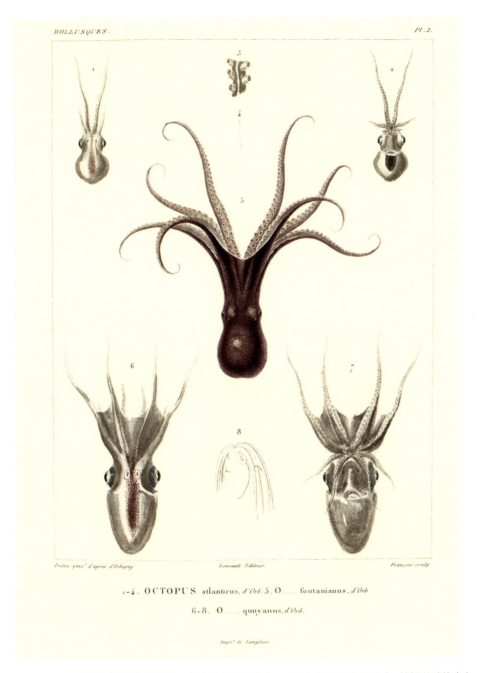

Prêtre pinx.ᵗ d'après d'Orbigny.   Leurault Editeur.   François sculp.

1-4. OCTOPUS atlanticus, d'Orb. 5. O ——— fontanianus, d'Orb.

6-8. O ——— quoyanus, d'Orb.

Impr.ᵉ de Langlois

德·奥比格尼极其详尽地描述了他对一只章鱼的观察结果——它如何躲藏在岩石后，捕捉游过的小鱼以及如何艰难地在干燥的岩石上爬行。他让这只软体动物用触手抓住他，并描述说因为它那强有力的吸盘，他费了很大劲才摆脱它。

1-5. AMPULLARIA scalaris, *d.Orb* 4. A canaliculata, *Lam. var. B*

5.6. A canaliculata, *Lam.*

在德·奥比格尼记录中，这些如今被称为福寿螺（*Pomacea canaliculata*）的淡水蜗牛有着形貌迥异的外壳。这些软体动物被发现于阿根廷和玻利维亚，在亚洲被视为高威胁性的入侵物种，它们是被当作食物引进亚洲的。

自然的历史

德·奥比格尼从南美回国后，致力于研究化石地质分布，它们呈现出一系列他称为"阶段"的层次——由化石离散群体定义的岩石分区。大多数化石似乎是约同一时段灭绝的生物，随之而来的后一阶段则由新生物种界定。德·奥比格尼认为他的"阶段说"适用于全世界范围，并将此想法付诸出版，它们与居维叶在三十年前出版的理论相辅相成。然而，这三十年间的地质学家已放弃了这样的灾变理论。那个时代的出版物并不支持居维叶的灾变灭绝与新物种新生的理念，而这些著作是达尔文所熟知的。

不过，在一篇写于 1844 年初且在有生之年未曾发表的随笔中，达尔文在脚注中写道："如果物种真的是在大灾难后于全世界如雨后春笋般新生，那么我的理论就错了。"达尔文这最后时刻的焦虑可能来自他的老对手兼强敌阿尔西德·德·奥比格尼。实际上，当德·奥比格尼发表他认为是全球性现象的地质阶段概念时，他已经复兴了居维叶的地球表面生命"变革"的理念。当然，达尔文的理论并不是错的，但德·奥比格尼的理论也不是错的。尽管他的"阶段"现象并没有广泛分布在"全世界"，但它亦具有实证性，而且至今仍为学界所用。两位科学家都是正确的，达尔文的进化论与德·奥比格尼的阶段说之间的纷争，直到现代的生物进化学中才得以解决。

尼尔斯·尔德雷奇（Niles Eldredge）
美国自然博物馆古生物学分部荣誉退休馆员

MON-CHONSIA.

A KANSAS CHIEF.

PUBLISHED BY DANIEL RICE & JAMES G. CLARK, PHILAD.ᵃ

Drawn, Printed & Col.ᵈ at the Lithographic & Print Colouring Establishmen. 94 Walnut St. Phila.

Entered according to act of Congress in the Year 1842 by James G. Clark in the Clerks office at the District Court of the Eastern District of Pᵃ

陆军上校麦肯尼的印第安画册

撰文 / 彼得·M. 怀特利

作者

托马斯·L. 麦肯尼（Thomas L. McKenney，1785—1859）

詹姆斯·霍尔（James Hall，1793—1868）

书名

History of the Indian tribes of North America, with biographical sketches and anecdotes of the principal chiefs; embellished with one hundred and twenty portraits from the Indian Gallery in the Department of War at Washington

《北美印第安部落史》

版本

Philadelphia: E. C. Biddle，1837—1844

这些卷册是托马斯·L. 麦肯尼二十多年的工作成果，是他的智慧结晶。这位耀眼非凡的人物在1816—1822年担任印第安贸易的主管，在1824—1830年则身为首位印第安事务专员。1816年就任伊始，麦肯尼就开始在他的战争部总部收集建立一个"印第安档案馆"，或者说博物馆。它的核心构成将是一个肖像画廊，其中绘有所有到访的美洲原住民代表。1822年，他幸运地请到了本杰明·委斯特（Benjamin West）的学生——著名艺术家查尔斯·比尔德·金（Charles Bird King），金成为画廊的首席肖像画家。到了1830年，已完成的画像超过了100幅，它们是最早的美洲原住民真人画像集锦，这些绘画对象成为具名的、为人熟知的人物。在麦肯尼位于乔治城的办公室里，"印第安画像"挂满了一面墙。

（左图）
蒙冲西亚（Monchonsia），或名白羽（White Plume）【堪萨族（Kansa）】。

塞阔亚（彻罗基族）

受金的作品启发，麦肯尼很快就试图使用平版印刷术来出版这些画像，这种印刷术是当时相对较新的发明。这个项目在订阅者中立刻引起了普遍关注，人们迅速发现了它的政治意义。事实上，约翰·昆西·亚当斯[1]答应为第一卷中的历史叙述担任（不记名）编辑。但是麦肯尼随即与安德鲁·杰克逊总统[2]发生了冲突，后者只把印第安人看作是国家扩张的障碍。结果麦肯尼在1830年被解雇了。

麦肯尼急于保留对这些档案的使用权，他安排纽约画家亨利·英曼（Henry Inman）在接下来的数年中复制这些画像。后来的平版印刷品正是来自英曼的复制画，

[1] 约翰·昆西·亚当斯（John Quincy Adams，1767—1848），美国第六任总统。
[2] 安德鲁·杰克逊（Andrew Jackson，1767—1845），美国第七任总统，也是美国历史上第一位平民出身的总统。

黑鹰（索克族）　　　　　　　　　　萨利塔利什（波尼族）

在一系列艰难曲折之后，第一卷终于在 1837 年出版发行，其中的附文主要由詹姆斯·霍尔撰述，他是麦肯尼的新搭档。文本中包括许多珍贵的小片段，不过它们是典型的轶事趣闻、二手消息，并且坚持 19 世纪对美洲原住民"野蛮人"的表述传统——麦肯尼/亚当斯的历史文本则要比这好得多。

关于图画，这就是另一回事了。金的画作有着理所应当的名望，并且被视为国宝。平版印刷术复制出的鲜活形象令公众深深为之倾倒、为之赞叹，它们至今仍是值得拥有的珍品。由雕刻师的石板所生成的每幅画像都是由一群水彩画家手工着色的，不同复制品的色彩大有不同。卷册中描绘了许多历史形象，除了真人写生外，也有少量来自其他画像，这些画像大都是由金复制的。举一小部分例子：塞阔亚（Sequoya）【彻罗基族（Cherokee）】；红外套（Red Jacket）【塞内卡族（Seneca）】；萨伊恩丹尼吉

海恩·胡基希尼，或雌鹰（奥托族）。博物馆的油画以平版印刷的方式并排展现在此。

（Thayendanegea），或名约瑟夫·布兰特（Joseph Brant）【莫霍克族（Mohawk）】；黑鹰（Black Hawk）【索克族（Sauk）】；瓦纳塔（Wanata）【苏族大酋长（Grand Chief of the Sioux）】；奥西奥拉（Osceola）【塞米诺尔族（Seminole）】。

最终，原画被转让给了史密森学会[1]，于1858年至1865年在学会中展出。不幸的是，所有画作都在学会1865年的火灾中损毁了。（英曼的复制品在哈佛大学的皮博迪博物馆中幸存了下来。）而幸运的是，金备份了自己的一些画作，它们分散在不同的收藏系列中幸存至今，有一些收藏于白宫。印刷的卷册成为麦肯尼印第安画廊的主要记录，不过也有一些例外。其中一个有趣的例外就在美国自然博物馆的图书馆中：这里有六幅小油画，其所绘人物正是金开始参与这个项目伊始所绘的人物。人们将这些画作归属于金或塞缪尔·西摩（Samuel Seymour），但他们两人都不可能是真正的原画家，原画家的身份依然成谜。它们没有金的画作那么优美，但是仍然非常令人叹服。这六个人来自1821—1822年的密苏里上游代表团，包括波尼族（Pawnee）酋长佩塔勒萨罗（Petalesharro）和萨利塔利什（Sharitarish）；蒙冲西亚，或名白羽（堪萨族）；欧恩帕通加（Ongpatonga），或名大麋鹿（Big Elk）【奥马哈族（Omaha）】；还有希奥莫尼库塞（Shaumonekusse），或名郊狼（Prairie Wolf）【奥托族（Oto）】。特别令人感兴趣的是希奥莫尼库塞的年轻妻子海恩·胡基希尼（Hayne Hudjihini），或名雌鹰（Female Eagle）（奥托族），她的画像是女性美洲原住民最早的真人肖像之一。博物馆的这些油画以平版印刷的方式在此并排展现。

麦肯尼和霍尔的《北美印第安部落史》是一部卓越的文献。其中的文字也许过时了，但是那些华美而精致的印刷画像始终鲜活地见证着美国（原住民）历史及文化的重要阶段，见证着陆军上校麦肯尼顽强的意愿，也见证着查尔斯·比尔德·金完美的艺术技巧。它依然是一项重要的记录，并且是真正的国家瑰宝。

彼得·M. 怀特利（Peter M. Whiteley）

美国自然博物馆人类学分部馆员

---

[1] 史密森学会（Smithsonian Institution）是美国一系列博物馆和研究机构的集合组织。该组织囊括19座博物馆、9座研究中心、美术馆和国家动物园以及1.365亿件艺术品和标本。也是美国唯一一所由美国政府资助、半官方性质的第三部门博物馆机构，同时也拥有世界最大的博物馆系统和研究联合体。该机构于1846年成立，资金源于英国科学家詹姆斯·史密森（James Smithson）对美国的捐赠。

Rhea Darwinii.

达尔文的发现之旅

撰文 / 南希·B. 西蒙斯

作者

Charles Darwin，1809—1882

查尔斯·达尔文

书名

The zoology of the voyage of H.M.S. Beagle, under the command of Captain Fitzroy, R.N., during the years of 1832 to 1836

《小猎犬号之旅的动物学》（以下简称《动物学》）

版本

London: Smith, Elder, and Co.，1839—1843

（左图）这种稀有的巴塔哥尼亚鸟类如今被命名为美洲小鸵（*Rhea pennata*），达尔文的团队想要收集这种鸟的标本，却射杀并吃掉了一只他们以为是另一物种幼鸟的美洲小鸵。在近距离检查这顿正餐时，达尔文意识到他们正在吃的便是他寻找的鸟类。这幅插图是由伟大的鸟类艺术家约翰·古尔德所绘。

　　若从对科学思维的长远影响来看，没有哪次探险旅行的影响力能超过英国皇家"小猎犬号"在 1832 年至 1836 年的航程。年轻的查尔斯·达尔文搭乘小猎犬号，于 1831 年自普利茅斯回声湾港出发，踏上了环球之旅，同时也开启了一场自然史探险，它将最终点燃他的决心，驱使他去解决物种的"起源之谜"。小猎犬号之旅还收获了众多发现，包括成千上万的标本，还有达尔文及其助手精心撰述的笔记。从骨骼化石到螃蟹，从岩石到甲虫、鸟类、植物和蝙蝠，达尔文收集的这些标本被装船运回剑桥，交给他的朋友兼导师约翰·斯蒂芬·亨斯洛（John Stevens Henslow）教授。亨斯洛对这些发现欢欣鼓舞，这份热情激励了达尔文，1836 年 10 月他返航回国，决心要出版他的地质发现，同时寻找优秀的自然学家来鉴别并描述他带回的地质、古生物及生物宝藏。这份努力的成果之一便是达尔文的

箭齿兽（*Toxodon*）的头骨，这是巴塔哥尼亚一种灭绝的哺乳类化石，其身体约与犀牛一般大小。关于如此大型的哺乳动物因何灭绝，它们显然被现在生活于巴塔哥尼亚的小哺乳动物取代了，达尔文对这个问题的思索在他的早期进化理念中有着重要的意义。

《小猎犬号之旅的动物学》——于 1839 年 2 月至 1843 年 10 月分五个部分完成。达尔文同时从公众以及私人关系中寻求捐赠以出版这部作品，他得到了萨默塞特公爵（Duke of Somerset）和德比伯爵（Earl of Derby）的支持，而且财政部专员为他拨款 1 000 英镑。

　　《动物学》的五个部分分别由该领域的专家撰写，不同的卷册中分别包含了达尔文的无数笔记。它们根据完成时的编号顺序发行，包括《哺乳动物化石》（*Fossil mammals*）——作者：理察·欧文（Richard Owen）；《哺乳类》（*Mammalia*）——作者：乔治·瓦特豪斯（George Waterhouse）；《鸟类》（*Birds*）——作者：约翰·古尔德（John Gould）；《鱼类》（*Fish*）——作者：伦纳德·詹宁斯（Leonard Jenyns）；《爬行类》（*Reptiles*）——作者：托马斯·贝尔（Thomas Bell）。最后的全集总计有 632 张文字印刷页和 166 幅图版。在它出版发行时，整部书的定价是：未装订版 8.15 英镑，装订版 9.2 英镑。

Canis antarcticus.

福克兰狼（*Dusicyon australis*）原本的学名是*Canis antarcticus*，这种大狼因其对人类毫不恐惧而引人注意。达尔文猜测这种特性将导致它灭亡。人们为了获得它的皮毛而捕杀它，并认为它对家畜是一种威胁。这种狼在 1876 年灭绝了。

Desmodus D'Orbignyi.

这是一只普通的吸血蝙蝠，现在的学名为*Desmodus rotundus*。当时人们不太了解以血液为食的蝙蝠，《哺乳类》一卷的作者乔治·罗伯特·瓦特豪斯认为这一物种"不同寻常"，因为它没有可以咀嚼固体食物的牙齿，只有像刀片般的牙。在 19 世纪对蝙蝠的大多数描述中，这种蝙蝠都是以一种不自然的姿态出现的。事实上，吸血蝙蝠能用它们的大拇指协助自己如四足着地般行走及攀爬，以接近猎物。

《动物学》的每位作者都在自己所撰写部分呈现了不同的风格，而达尔文的附文更是提供了另一种趣味。在《哺乳类》一卷中，乔治·瓦特豪斯（之后成为伦敦动物学会的馆员）为笔下的动物提供了专业的描述，而达尔文则提供了"动物习性与分布的注解"。这些注解亲切的笔触为《动物学》带来了一种绝妙的风味，若是没有它们，这本书就过于学术了。比如说，在写到吸血蝙蝠时，我们不仅能读到这种动物的描述和一些数据，还能欣赏到：

"吸血蝙蝠常常叮咬马匹的肩隆，从而引发大麻烦。造成的伤害并不完全是因为失血，而是在马鞍的压力之下会造成伤口的炎症。近来英国人对这一问题十分疑惑，而我幸运地目睹了一只吸血蝙蝠在马背上被抓住的过程。某个深夜，我们在智利的科金博附近露营。我的仆人突然注意到某匹马非常躁动，他就过去看到底发生了什么。他显然是看到了什么，突然把手伸到了马肩隆上，抓住了那只吸血鬼。到了早晨，我们能很清晰地看出被叮咬的位置，因为那个地方略略肿胀了起来，并且血糊糊的。我们第三天才骑那匹马，它并没有任何不良反应。"

《动物学》中有一系列无署名的彩色或黑白平版印刷图版，描绘了文字中所描述的动物。关于蝙蝠的每一幅插图都包括这种动物的全身图，以及一幅以上的脸部特写。特写图很重要，因为许多蝙蝠都有与众不同的面部特征，包括不同尺寸、形状及投影的耳朵和鼻叶——人们认为其有助于为回声定位导向。详细的描述与插图组合在一起，令如今的科学家可以精确地鉴别出《动物学》中描述的大多数物种，哪怕达尔文所造访的地区之后又有许多新物种被发现——其中包括许多神秘莫测的生物。达尔文在一生中出版了其他更伟大的著作，然而他在之后的作品中所探索的许多主题——尤其是他的自然选择理论的进展——都是依据小猎犬号的旅行收获以及《动物学》中的记录。

南希·B. 西蒙斯（Nancy B. Simmons）

美国自然博物馆脊椎动物学分部哺乳动物学科馆员

Equus Zebra Linn.

施莱伯的哺乳动物世界

撰文 / 米里亚姆·T.格罗斯

作者

Johann Christian Daniel von Schreber，1739—1810

约翰·克里斯蒂安·丹尼尔·冯·施莱伯

书名

Die Säugthiere in Abbildungen nach der Natur, mit Beschreibungen

（*Mammals illustrated from nature, with descriptions*）

《哺乳动物（附自然写生插图及描述）》

版本

Erlangen: Expedition des Schreber'schen Säugthiere und
des Esper'schen Schmetterlingswerkes，1774—1846

（左图）这幅精美的山斑马（*Equus zebra*）插画是由法国画家雅克·迪西弗（Jacques DeSève，活跃于1742—1788年）为布丰的第一版《自然史》所作。迪西弗在这部44卷的百科全书巨著中绘制了许多动物肖像画，其中有不少被重新使用于《哺乳动物》以及其他书籍中。

　　约翰·克里斯蒂安·丹尼尔·冯·施莱伯生于1739年，他在家乡德国以及瑞典的乌普萨拉学习医学、自然史和神学。在那里，他向伟大的分类学家卡尔·林奈学习植物学，他们的师生关系维持了许多年。施莱伯编辑出版了林奈的几部作品，除此之外还有他自己的作品。他主攻植物学，尤其是禾本科植物，有几种植物是为纪念他而命名的。作为一名执业医师，他还是德国梅克伦堡和埃朗根大学的医学教授。在埃朗根，他同时还是大学里的自然史教授、市自然史博物馆及植物园的主管。他是瑞典皇家科学院的成员，并于1791年被授予爵位。

　　施莱伯最著名的作品就是《哺乳动物》，该书致力于描述当时世界上所有已知的哺乳动物。出版过程长达71年之久，一直延续至施莱伯于1810年去世后很久。格奥尔格·奥古斯特·戈德弗斯（Georg August Goldfuss）和安

Hyſtrix criſtata Linn.

Hyaena Crocuta.

Atle ad viv pinx.   *Brook ſc.*

Viverra Suricatta Buff.

（左页上图）这幅逼真的画像是在野外写生所得，图中是一只非洲冕豪猪（*Hystrix cristata*），原产于非洲和意大利。这幅插画以及《哺乳动物》中其他插画的精美之处，多少都要归功于雕刻师约翰·纳斯比吉尔（Johann Nussbiegel）。

（左页下图）这幅栩栩如生的斑鬣狗（*Crocuta crocuta*）画像是在野外写生着色的。在《哺乳动物》最准确且最具视觉效果的插画中，有许多都是画家约翰·埃伯哈特·依赫尔所绘。

（本页上图）这只表情邪恶的奇异哺乳类被鉴定为是一只猫鼬，《哺乳动物》中有许多异想天开的画作，这幅画就是典型的例子。猫鼬，即狐獴（*Suricata suricatta*），是一种纤细小巧的非洲食肉动物。迪西弗的这幅画作最初出现在布丰的《自然通史》中。

德里亚斯·约翰·瓦格纳（Andreas Johann Wagner）完成并出版了最后一卷，之后增补了一份附录。作品文本描述了每一种动物的形貌与行为，罗列了自普林尼的《自然史》以来所有已知的学名与俗名。书中引用了格斯纳、阿尔德罗万迪、布丰、居维叶、道本顿（Daubenton）、德马雷（Desmarest）以及其他早期著名的自然学家的作品。《哺乳动物》还有一个显著的特点——林奈的双名法在书中首次被如此广泛地运用。常用名称以多种语言的形式出现，包括俄语、英语、西班牙语、挪威语，还有法语和意大利语，甚至在适当的时候还出现了方言（拉普兰语和鞑靼语）。

　　尽管文本如此出众，《哺乳动物》最著名的还是它的雕版插画。这些多姿多彩、不计其数的动物画像呈现给研究者的是令人眼花缭乱的信息——画家、雕刻师、资料来源、优美准确的描绘（鹿、麋鹿、绵羊、松鼠）以及异想天开且往往极其拟人化的画像

施莱伯的哺乳动物世界

Simia Mormon Alfroem.

单单看到其艳丽的面部和臀部色彩，你就能确定这是一只雄性山魈（*Mandrillus sphinx*）。《哺乳动物》中有许多灵长类的画像，不过大多数都偏离了现实，因为画家往往只能参考标本或早期雕版画。

（灵长类）。一如整个动物插画史，插画的准确性要依赖于这些艺术的基础，看它们是根据实际的观察——无论是标本还是活体，又或是复制于过去某位同样从未见过这种动物的画家的作品。这部著作中有许多这样极端的插画例子。

书中署名的画家至少有 60 位，包括 18 世纪晚期许多最优秀的动物插画家：其中最著名的有琼-巴普蒂斯特·奥德贝尔（Jean-Baptiste Audebert）、尼古拉斯·马雷夏尔（Nicolas Maréchal）、雅克·迪西弗、皮埃尔·索纳拉特（Pierre Sonnerat）、约翰·埃伯哈特·依赫尔（Johann Eberhardt Ihle）、尼古拉斯·休伊特（Nicolas Huet）。还有诸多未署名的插图，以及联名创作的插图，比如"依赫尔及奥德贝尔"和"马雷夏尔与冯·依赫尔"。神秘的是，在美国自然博物馆的这套藏书中，有几幅水彩画要么被夹在对应的印刷图侧，要么插在书中替换了原画。在每幅水彩画的底面，都有铅笔字写着"由弗里德兰德（Friedlander）准确复制，1932"。

施莱伯在书中重用过去出版的插图，这一事实的相关例证有奥德贝尔的一些猴子画像，它们最初出现在施莱伯1800年出版的《猴子的自然史》中。一个勇敢无畏且具有奉献精神的研究者可以花费大量时间追溯《哺乳动物》的艺术资料来源，而事实上，的确有人试图这么做：1891年，在《伦敦动物学会集刊》中，C. 戴维斯·谢波恩（C. Davies Sherborn）发表了他殚精竭虑的研究成果——"回顾施莱伯《哺乳动物》一书中的注解、插图及文本"。

我对这部作品雕版插画的研究是以一种奇妙的方式开始的。1989年，我正在为纽约公共图书馆组织"大地、海洋与天空的王国"展览，这时，两位同事将一套共195幅水彩画作拿给我看，那是他们在珍本藏室的书堆里"新发现"的。这些画作描绘着多种多样的哺乳动物，它们被放在一个"简单的棕色文件夹"中，标签上写着"施莱伯的画（用于他关于哺乳动物的作品）"。这个包裹是由一位波士顿的出版商寄给纽约阿斯特图书馆（Astor Library）J. G. 科格斯韦尔博士的。约瑟夫·格林·科格斯韦尔（Joseph Green Cogswell）自1848年起就是阿斯特图书馆的首位主管，这个图书馆是纽约公共图书馆的前身之一。所以，这份艺术品应该是在1848年至1877年送达的，科格斯韦尔在1877年去世了。除此之外，我们不清楚它的出处。

我被这些画作的质量深深打动，选出11幅放在"王国"展览中展出，其中两幅还被印在了《动物图册》手册中。由于纽约公共图书馆并没有收藏施莱伯的《哺乳动物》，因此我查阅了美国自然博物馆图书馆中的藏本，先是确定了这些画作的确是印刷品所使用的原作艺术品，接着为展览的标注及书籍插图标题收集背景信息。我对《哺乳动物》的兴趣一直持续到退休之后。我在两个图书馆间轮流工作，最终得以将163幅画作与印刷插图全部匹配起来，要知道它们有很多区别，比如互为镜像——这在画作转换为印刷品的过程中并不少见，还有不同的背景与色彩。我还想了解更多关于画家和雕刻师的信息，最主要的是，我还想更多地了解这部迷人且优美的百科全书的创造者。

米里亚姆·T. 格罗斯（Miriam T. Gross）

美国自然博物馆脊椎动物学分部鸟类学科的一名志愿者

她退休前是纽约公共图书馆普通研究部的高级馆员兼自然史专家

航向南极：迪蒙·迪维尔与南极洲东部的探索发现

撰文 / 罗斯·D. E. 麦克菲

作者

Jules-Sébastien-César Dumont d'Urville，1790—1842

儒勒·塞巴斯蒂安·塞萨尔·迪蒙·迪维尔

书名

Voyage au pole sud et dans l'Océanie sur les corvettes l'Astrolabe et la Zélée, exécuté par ordre du roi pendant les années 1837—1838—1839—1840

（*Journey to the South Pole and in Oceania on the corvettes Astrolabe and Zélée, executed by order of the king during the years 1837—1838—1839—1840*）

《遵国王令，于 1837—1840 年乘轻巡洋舰"星盘号"与"热心号"前往南极及大洋洲》

版本

Paris: Gide，1842—1854

（左图）正如这幅插画所示，迪维尔期盼着能穿越威德尔海从而航向南极，却几乎使自己的舰队困于海冰之中。乘船航向极点当然是不可能的，因为极点在陆地上——抵达极点的壮举最终在 20 世纪初完成。

儒勒·塞巴斯蒂安·塞萨尔·迪蒙·迪维尔在他的同胞眼中就是"法国的库克船长"，在 1837—1840 年，他代表法国海军带领一支探险队前往探索南大洋。探险队有数个目标，其中之一是尽可能一路航向南极，有些人相信极点在公海上。1840 年 1 月，迪维尔二度尝试寻找前往极点的航线未果，不过他发现了一处陌生的海岸。他非常有骑士风度地以妻子的名字为此地命名，称其为特雷·阿黛利（Terre Adélie），或阿黛利地（Adélie Land）。1 月 21 日，他的人踏上了这座岛屿，仅仅越过它冰封的海岸线，他们便宣称阿黛利地已属于法国。如此，这些人成为首批登陆南极洲东部

Peint par Werner

Dirigé pa

RORQUAL NOUEUX.

Gide Éditeur

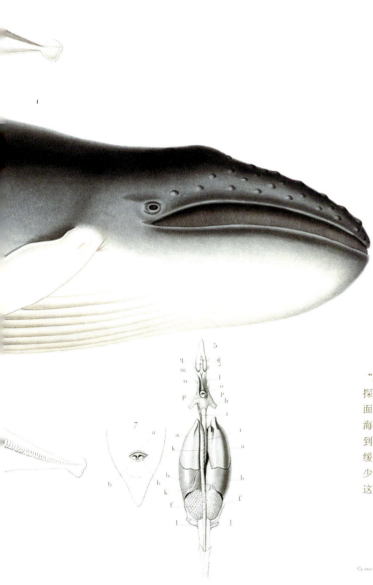

in et son anatomie.

"座头鲸"（*Megaptera novaeangliae*）。探索之旅几乎总有其商业的一面，法国与英国都有意向在南部海域发展猎捕海豹业与捕鲸业。到了1840年，像白鲸这样行动缓慢、易于捕捉的物种已渐趋稀少，捕鲸者便转而追逐如座头鲸这样的猎物。

Gravé par Mme Egazze

Imp^{rie} de Bougeart.

"马克萨斯群岛（Marquesas Islands）和努库希瓦岛（Nuku Hika）的战士"。迪维尔的船队在 1838
年 8 月末抵达马克萨斯群岛，并记录了岛上的原住民人类学信息。勒布雷顿执笔画下了这幅非凡的画
像，图中是一位有文身的马克萨斯战士，或称 "toa"，他身着传统缠腰布，懒洋洋地手持一把粗棍，
或称 "'u'u"。

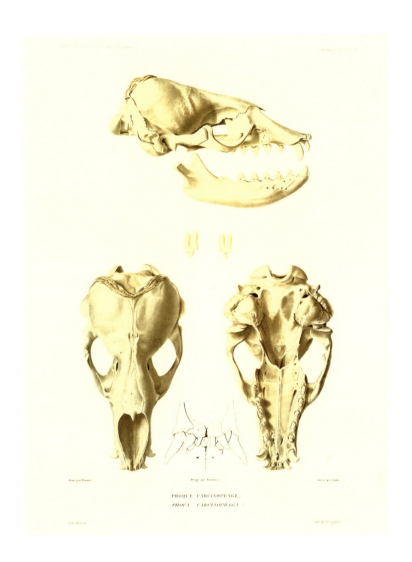

或其真实大陆的人。

　　在当时两个欧洲超级大国——英法的全球竞争中，迪维尔也凭借这一成就获得了小小的胜利，同时打败了新近的暴发户——美利坚合众国。迪维尔的探险队因此成为当代的象征：虽然法国政府希望密切留意英国（与美国）在南太平洋的扩张，不过以下这些项目也非常有利可图——发现海豹与鲸的新资源；绘制海岸地图；记录罗盘仪偏差；寻找贵重矿产；以及收集当时未知的动植物标本。

"食蟹海豹"（*Lobodon carcinophagus*）。215页图中展示了食蟹海豹的牙齿，与它的名字无关，它与众不同的牙齿是用来捕捉磷虾而非蟹类的。迪维尔的自然学家们知道他们发现了一种有趣的新海豹品种，但由于出版上的延误，英国人J. E. 格雷（J. E. Gray）率先描述了这一物种。

在抵达极点的尝试失败后，由"星盘号"和"热心号"两艘船只组成的迪维尔小舰队转而前往探索南太平洋，他们最终于1840年11月返回土伦港，载誉而归。不幸的是，迪维尔在返回法国后仅两年就去世了，不过此时他早已孜孜不倦地开始编辑并出资发表航行成果报告，它们最终于1842—1854年出版，共有23卷。这份科学报告所涉及的领域极其宽泛，从人类学到动物学无所不包。在科学专业化的原则形成之前，通常是由船上的医务官员负责收集并描述标本，他们带回家乡的成千上万的鸟类、哺乳类、昆虫、鱼类、甲壳类、软体动物及手工艺品（没有人类遗骸）大都由舰队的三名医生收集。当探险队的首席绘图员病死以后，绘制标本并为其躯体特征做标注的任务便落到了船医肩上。这些藏品在数年之后被描述以备出版时，这些借他人之手所做的注解可谓无价的珍宝。

自然的历史

在 19 世纪初，雕版插画仍然是表述形象信息的前沿技术。210 页图中展现的是一幅风景画，以它来描绘旅行途中的故事，还有几幅自然史插画，这些都是用插画传达科学成果的典型例子。风景画所展现的宁静意味并不真实，事实上，在此时（1838 年 2 月 6 日），迪维尔的两艘船都陷入冰中，处于被海冰围困的危险之中。在画面前景中，我们可以看到人们正从冰面撤退，他们正收集大块的冰，好将它们融化成淡水。背景中，右舷后甲板外的那个角度奇异的精巧装置可能是一个太阳罗盘，远处，可以看到有人在屠宰海豹。前景中一个留胡子、带眼镜的男人正一手挥舞着一支军刀，另一手提着一只大海豹血淋淋的头，描绘得如此详细，显然这是位重要人物。也许他就是其中的一名船医路易·勒布雷顿（Louis Lebreton），这幅插图的原作者就是他。

212—213 页图中的座头鲸显然是一只雌性，这幅图的素描可能是在智利的捕鲸港塔尔卡瓦诺所绘，迪维尔的官员们受邀在此观看剥取鲸脂的过程。插画并非特别准确。比如说，鲸的下颚没有画出成排的"螺栓"样的小瘤（节瘤），它们通常排布在座头鲸的下颌边缘。另外，胸鳍也没有皱纹和藤壶结壳，这些动物身上难免会有这样的东西。座头鲸除进食外不会张开嘴，此处张着的嘴意味着这只动物在被绘画时已经死了（这并不令人吃惊）。图中对胚胎的研究很有意思，不过出版的文本中并没有提及胚胎。

此时，座头鲸生活在南部海域这一事实早已广为人知，因此比起科学意义，这幅插画可能更倾向于宣传商业机会。由于捕鲸者在北部水域灾难性的过度捕鲸，他们正在寻找其他猎区域，而探险队的主要目标之一就是勘查新的捕鲸地点。这给各处的鲸群带来了巨大的生存压力，不过其中最受威胁的是那些移动缓慢、易于猎的种类，它们被捕捉后经过技术处理，然后就可以供人们享用了。

罗斯·D. E. 麦克菲（Ross D. E. Macphee）

美国自然博物馆脊椎动物学分部哺乳动物学科馆员

BASSARIS ASTUTA. LICHT.
RING-TAILED BASSARIS.
Natural Size.
MALE.

最后的欢呼：
奥杜邦和巴奇曼的哺乳动物

撰文 / 玛丽·勒克罗伊

作者

约翰·詹姆斯·奥杜邦（John James Audubon，1785—1851）

约翰·巴奇曼（John Bachman，1790—1874）

书名

The viviparous quadrupeds of North America

《北美的胎生四足动物》

版本

New York: J. J. Audubon，1845—1854

1831 年，约翰·詹姆斯·奥杜邦和约翰·巴奇曼牧师在南卡罗来纳州查尔斯顿的街道上偶遇，这开启了两位博物学家的合作生涯，这场合作直到超过十五年之后才结出成果。当他们相遇时，奥杜邦刚从伦敦回来，期望能为正在印刷中的《美国鸟类》（*Birds of America*）一书招揽更多的订阅者。他们的会面再度激起了巴奇曼对自然史的兴趣，并为奥杜邦带来了一位自然史研究领域的灵魂伴侣。

当巴奇曼还是个孩子时，他曾近距离观察过自然世界，稍后，作为费城的一名学生兼教师，他将关注点放在了哺乳动物上。缜密又详尽的研究使他成为一名被人认可的严肃科学家。在与奥杜邦相遇后，他的空闲时间便被奉献给了哺乳动物研究。在 1836 年和 1837 年，他发表了关于北美兔子、鼠类、鼩鼱以及松鼠的专著。

两人定期通信，1838 年，当《美国鸟类》接近完成时，巴奇曼给奥杜邦的信中写道："我不知道你接下来要做什

（左图）"圈尾猫"，它如今的学名是蓬尾浣熊（*Bassariscus astutus*），这是一种与浣熊有亲缘关系的夜行性杂食动物。它分布于美国西南部至墨西哥境内的广大区域。

"九带犰狳"。奥杜邦和巴奇曼认为这种犰狳（*Dasypus novemcinctus*）很像是"背着龟壳的小猪"。这种生活在美国南部与西南部的动物经常在夜晚外出，搜寻昆虫为食。

么。"并猜测一本关于四足动物的书将会是"有益于科学"，并可能是有利可图的。在接下来的数年中，巴奇曼声名渐著，他拜访欧洲的各大博物馆，同时结识了当地的哺乳动物学家。奥杜邦则开始为他们的新书绘制插图，并率先列出计划。

　　奥杜邦与巴奇曼的合作过程波折不断。奥杜邦的两个儿子娶了巴奇曼的两个女儿，但婚后数年，两位妻子便都死于肺结核。巴奇曼的妻子身体病弱，他自己的身体也很糟糕，教堂管理中越来越多的职责使他无法如愿向他们两人合作的项目中投入大量时间和精力。奥杜邦也开始渐渐感觉到自己年岁的增长与健康状况的下滑。

　　两人都希望能拓展这本书的涉及领域，将西部的哺乳动物也包括在内，一次西部旅行让奥杜邦得以进行野外观察，并为巴奇曼带来更多可研究的标本。奥杜邦家中无甚忧虑，他们首次定居在了曼哈顿上东区，而《美国鸟类》及其文本卷册都已宣告完工了，因此奥杜邦可以将全部精力投入到哺乳动物这本书上。于是，1843 年，他和一小群朋

TAMIAS TOWNSENDII, BACHMAN.
TOWNSEND'S GROUND SQUIRREL.

"唐氏地松鼠"。唐氏花鼠（*Tamias townsendii*）是巴奇曼在 1839 年首先描述的，他和奥杜邦将它称为地松鼠。这种活泼的生物居住于华盛顿州和俄勒冈州沿海。

友一起开始向密苏里河上游旅行，一直西行到了联合堡（Fort Union）。在这个过程中他写了一部热情洋溢的西部生活日记，返程时带着由动物标本剥制师约翰·贝尔（John Bell）剥制的哺乳动物皮毛、艾萨克·斯普拉格（Isaac Sprague）速写的植物图以及一群活的动物。而巴奇曼独自懊悔自己野外观察经验的缺失。

　　奥杜邦结束西部之旅返回后不久，他的视力逐渐下滑，绘画越来越困难，最终变为不可能。渐渐地，他的儿子维克托·吉福德（Victor Gifford）和约翰·伍德豪斯·奥杜邦（John Woodhouse Audubon）加入进来，与巴奇曼一起完成这本哺乳类书籍。两个儿子都已经再婚，而且也得到了他们日益壮大的家庭的支持，更不用说他们年迈的父母。整部书的文本几乎全都是巴奇曼撰写的，而他发现自己无法接触那些必需的、能让稿件具备学术正确性的著作。他让儿子们发出的对信息与参考书的申请始终没有得到回应，这让他一直很沮丧，健康状况每况愈下。当更年长的奥杜邦再也无法作画时，已经完成

PLATE. XXVIII.

PTEROMYS VOLUCELLA, GMEL.
COMMON FLYING SQUIRREL.

"普通飞鼠"。南方鼯鼠（*Glaucomys volans*）住在树洞中，人们在黄昏时可以看见它从树顶斜斜滑翔至邻近的树木上，它的飞行工具是身体侧面延展的皮翼，平整的尾部则是方向舵。这些温和的生物并不多见，但也并不罕有。

"大尾臭鼬"。如今被称为冠臭鼬（*Mephitis macroura*）的这一物种就像所有的臭鼬一样，以臭气熏天的分泌物来阻挡捕食者，保护自身。它在夜晚搜寻昆虫及小脊椎动物为食。

了 76 幅插图。约翰·伍德豪斯接下来画了 74 幅。巴奇曼不断地催促儿子们，最终《胎生四足动物》的 150 幅插图和第一卷在 1846 年出版。奥杜邦在大部分作品完成后去世。

第二卷在 1851 年出版，这一年奥杜邦去世。由于巴奇曼的视力问题，这一卷由他口述，玛丽亚·巴奇曼（Maria Bachman）记录并编辑。玛丽亚·巴奇曼是他的弟妹，在他妻子死后嫁给了他。1852 年，维克托前往查尔斯顿，协助完成第三卷的文本。第三卷于 1854 年出版，附有另外 6 幅插图，这 6 幅插图是八开大小，不是之前 150 幅插图的对开尺寸。同一年晚些时候，155 幅插图以及所有文本都以八开纸大小，合并为《北美的四足动物》出版发行。至此，在这么多年的奋斗之后，这部联合作品终于完成，它的作者是世界闻名的鸟类学家奥杜邦和德高望重的哺乳动物学家巴奇曼。它是一份恒久的礼物，不仅对作者来说是如此，对许多协助它最终完成的人来说也是如此。

玛丽·勒克罗伊（Mary LeCroy）
美国自然博物馆脊椎动物学分部鸟类学科助理研究员

去往另一个星球：
约翰·古尔德的《澳大利亚哺乳动物》

撰文 / 罗宾·贝克

作者

John Gould，1804—1881

约翰·古尔德

书名

The mammals of Australia

《澳大利亚哺乳动物》

版本

London: John Gould〔Taylor and Francis〕，1863

1804 年，约翰·古尔德出生于多塞特郡的莱姆里吉斯。他先是作为一名熟练的动物标本剥制师在英国动物学界声名鹊起，1827 年，他成为新成立的伦敦动物学会的博物馆"管理者兼保护人"。他很快建立了对鸟类的终身兴趣，到了 1833 年，他成为学会鸟类学科的主管。正是他意识到，查尔斯·达尔文在加拉帕戈斯群岛采集的多种多样的"乌鸫、粗喙鸟、雀类"事实上全是地雀的近亲。这个发现作为诱因之一，启发达尔文开始怀疑物种是否永恒不变。

自 1830 年起，古尔德因其杰出的鸟类学专著而愈加闻名，这些配有色彩丰富鲜艳的手工着色插图的书，大多数都是由他的妻子伊丽莎白（根据他自己预先准备的素描）绘制的。这些令人印象深刻的作品被卖给了仅数百位富裕的订阅人，人们难免要将它们与他同辈美国人约翰·奥杜邦的作品相对比。1838 年 5 月，在刚刚完成一部关于欧洲鸟类的五卷本巨著之后，古尔德开始了一段为期四个月的海航，前往

（左图）"袋狼"（*Thylacinus cynocephalus*）。到了欧洲殖民时期，这种外表像狗的肉食性有袋类动物仅存于澳洲塔斯马尼亚岛上，但它曾经出现在澳大利亚大陆上。因为被认定影响了殖民者的睡眠，袋狼被残酷捕杀，1936 年，最后一只袋狼死于笼中。

（左图）"古氏拟鼠"（*Pseudomys gouldii*）。它是澳洲众多本土家鼠与田鼠中的一种，最后为人所见是在 1857 年。不过，实际上它可能与沙克湾伪鼠（*Pseudomys fieldi*）是同一物种，后者仍然存活于澳洲西海岸外的四个小岛上。

（右图）"蜂蜜负鼠"（*Tarsipes rostratus*）。这种优美的有袋类哺乳动物仅存于澳洲西部，它们只食用各种花朵的花粉和花蜜，取食工具是它们像刷子般的长舌头。

澳大利亚，因为他发现了一个绝佳的机会——可以就澳洲独特且仍然鲜为人知的鸟类群体写一本权威性的作品。

　　尽管古尔德前往澳大利亚是专门为了研究那里的鸟类生活，但他却迅速被那里的哺乳动物所吸引，之后他写道："我到达那个国家，发现自己被各种奇异的事物包围，就仿佛到了另一个星球一般……直到此时，我才开始思索要将一部分注意力投入到这些非凡的哺乳动物上。"在花了两年时间收集并绘制当地的动物后，古尔德和伊丽莎白（她陪着丈夫一起来到澳大利亚）返回英国，将助手约翰·吉尔伯特（John Gilbert）留在当地，继续增补古尔德的收

（上图）"黄足岩袋鼠"（*Petrogale xanthopus*）。岩袋鼠以小型群居方式生活在多岩的岩石露头区域，能异常灵敏地在陡峭的地方上下跳跃。岩袋鼠的一种——帚尾岩袋鼠（*Petrogale penicillata*）则在夏威夷的欧胡岛形成了一个野生种群。

（下图）"鸭嘴兽"（*Ornithorhynchus anatinus*）。关于这种奇异的哺乳动物是否产卵，古尔德从澳大利亚土著那里听到了相互矛盾的回答，于是他推断这种动物不会产卵。人们直到 1884 年才获得鸭嘴兽及其亲属针鼹鼠的确会产卵的确凿证据。

PETROGALE XANTHOPUS, *Grey*

ORNITHORHYNCHUS ANATINUS.

自然的历史

藏。在 1840 年 8 月抵达英国后，夫妻俩立刻开始准备《澳大利亚鸟类》(The birds of Australia) 的出版。但不幸的是，还不到一年，伊丽莎白在生下他们的第八个孩子后很快就去世了。古尔德很顽强，并未被悲伤击倒，迅速聘请了年轻的艺术家亨利·康斯坦丁·里克特（Henry Constantine Richter）来完成剩下的插图。七卷本的《澳大利亚鸟类》于 1848 年完成，此时古尔德早已开始出版《澳大利亚哺乳动物》，这可能是未来他最著名的作品。

在 1845 年至 1863 年，《澳大利亚哺乳动物》分为 13 个部分，以对开本（22×15 英寸）尺寸印刷出版（附有一份 1863 年单独出版的包括更新与修正的简介），这是一份关于澳大利亚哺乳动物以及 19 世纪自然学家理念的非凡记录。它见证了一个伟大的探索时代，当时的欧洲人正努力去了解澳大利亚哺乳动物的特殊性及其甚为普遍的奇异之处。书中最令人难忘的是为古尔德的文字搭配的 182 幅平版插图——由里克特根据古尔德与其亡妻的素描与水彩画绘制，由加布里埃尔·贝菲尔德（Gabriel Bayfield）带领的一组色彩画家为其手工着色。这些插画虽然在学术正确性上良莠不齐，不过每一幅都拥有惊人的魅力与活力。

有些插画因其自身的魅力而闻名于世，比如其中的一对袋狼（塔斯马尼亚虎）尤其具有标志性。如今，塔斯马尼亚的喀斯喀特啤酒标签上就装饰有这幅图的复制品。令人心酸的是，《澳大利亚哺乳动物》同时也可谓是书中许多物种的安魂曲：在它出版约百年之后，袋狼在它的塔斯马尼亚大本营中因为被认定影响人们的睡眠质量而被消灭了，欧洲殖民者带来的猫和狐狸在澳大利亚大陆的小型哺乳动物中又掀起了一场灭绝高潮。牺牲者包括古氏拟鼠（ Pseudomys gouldii ），它是由乔治·瓦特豪斯在 1839 年为纪念古尔德而命名的，最后的目击记录是在 1857 年——此时《澳大利亚哺乳动物》甚至尚未完成。如今，书中所提到的许多物种数量都大幅度减少，栖息地比例只占了古尔德书中所示的很小一部分。

和古尔德的其他作品一样，《澳大利亚哺乳动物》只发行了数百份，价格之高使它们只能由最富裕的人获得，最早的订阅者包括博物馆和大学这样的大型机构，还有众多英国贵族以及维多利亚女王。到了现代，完整的原作价格高达数万美元，到后来，最后的几本被拆分拍卖，好单独出售插图。美国自然博物馆幸运地拥有这部杰出著作的完整版本。

罗宾·贝克（Robin Beck）

美国自然博物馆脊椎动物学分部哺乳动物学科助理研究员、博士后研究员

一部特别作品的完美演绎

撰文 / 埃莉诺·斯特林

作者

Sir Richard Owen，1804—1892

理查德·欧文爵士

书名

Monograph on the aye-aye

《指猴志》

版本

London: Taylor and Francis，1863

维多利亚时代的英国拥有一众各具特色的科学家，他们终身致力于科学研究，以期更好地理解世界的运转方式。对于信息源充足的生物学家而言，这是个令人兴奋的年代，他们能综合关于动植物形态、习性及分布的源源不断的观察结果，力图精炼分类并区分物种及其彼此间的关系。越来越多的探险家也在搜寻可以定义分类的奇异有机体，或至少在勘测日渐庞大的分类群体的边界。科学探索的功绩以及科学家们之间激情四溢的争论不仅出现在会议与著述中，还蔓延到了通俗报刊上。理查德·欧文爵士就处于当时许多关键性议题的火力中心。他雄心勃勃地发起论战以创建国家自然博物馆，并发表他自己对进化的观点。

作为一名功成名就的自然学家，欧文的职业生涯长达六十余年，发表过六百多篇科学论文，还曾担任过维多利亚女王孩子们的生物学导师，他的大部分时间都消耗在博物馆或博物馆的工作中。这些博物馆中的藏品使他能细致地比较

（左图）一只成年雄性指猴在沿着树枝移动。

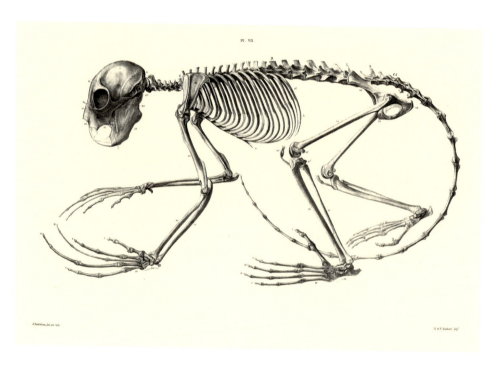

指猴骨骼的插图，展现了不断生长的铲状前齿、纤长的指趾以及类灵长类的特征，其中包括相对于身体而言硕大的颅骨。

不同动物间的解剖结构特征，并同时研究化石与现存物种。

　　现今，欧文最为人所知的贡献也许是创造了"恐龙"（dinosaur）一词，但他在灵长类动物领域的研究在当时是无人能够超越的。他特别研究了一种不寻常的灵长类动物——仅存于马达加斯加岛上的指猴（*Daubentonia madagascariensis*）。第一只指猴于18世纪80年代被带到欧洲，在那之后的一百年中，人们围绕着它争吵不休，争辩它到底是啮齿类（松鼠或眼镜猴，后者当时已被分在啮齿类）、灵长类，还是最接近于袋鼠。这场论战源于指猴众多古怪的行为与形态特性，它们让指猴看上去像是由其他众多动物拼接而成的：它有持续生长的前齿（这一点很像啮齿类，在灵长类中并不多见）、蝙蝠般的耳朵、狐狸般的尾巴、腹部的乳腺、大多数指趾上有爪，还有细长且灵巧的中指。它用中指沿树枝敲击并前后移动耳朵，以协助定位树木中由蛀孔害虫的幼虫吃出来的中空通道。一旦它检测到空心通道，它就用特异化的前齿撬开木材，将一根手指伸进去勾出

（左图）成年雄性的头部，描绘了其用以定位昆虫幼虫的无毛的大耳朵以及注视着前方的大眼睛，它们协助指猴在夜间行动。

（右图）一只成年雄性指猴正在树枝间搜寻昆虫幼虫。

一部特别作品的完美演绎

Pl. II.

J.Wolf, del^t . J.Erxleben, lith.

M. & N.Hanhart, Im.

一只年轻的雌性指猴正沿枝条移动，清晰地展现了纤长的中指以及类灵长类的对生大拇指。

幼虫。

1863 年，欧文用他优雅且偶尔抒情的《指猴志》终结了关于指猴分类的论战，这部著作以指猴的科学研究史简介为开头，继而煞费苦心地详述了指猴的解剖学结构。这一描述将人们的注意力从其诸如不断生长的牙齿等奇异特征上移开，转到了类似灵长类的特征上，比如前视的双眼与对生拇趾，这些特征为指猴为何该被归为灵长类提供了铁证。

令人惊艳的手工着色插画对应着文字，展示了指猴的皮毛、骨骼和不同寻常的形态特征。插画家约瑟夫·沃尔夫是动物画家中最才华横溢的一位。他不仅研究了欧文在 1859 年收到的酒精浸制标本，还在伦敦动物园观察了一只年轻雌性指猴的活动。指猴是一种夜行生物，这意味着沃尔夫必须在夜晚就着烛光观察这只动物。他完全领会了欧文对解剖结构与行为的着重关注，在指猴寻找昆虫幼虫或在树枝间攀爬的插图中，他清晰地捕捉到了这种动物的特殊习性。

欧文将他的解剖观察结果与指猴的行为资料结合在一起，告诉人们在身体与行为特性间有着如何紧密的联系——他称之为"特定机械部件对特定功能的完美适应——足用于抓握，齿用于侵袭，指趾用于喂食或抽取"。他进一步注释了在形态特征与神经系统及感官间的一系列互动变异——"眼以捕捉最微弱的光芒；耳以侦测最细微的声响，所有的一切形成了一套复合机制，以完美地完成特定的行为"。他以这本专著掀起了论战，运用这些适应性特征的同步性支持自己的论点，对抗拉马克的获得性遗传学说以及达尔文的进化论。欧文针锋相对地参与这些争论——这部著作就是最好的例子，同时他仍然重点关注国家自然博物馆的建立，并于 1881 年最终实现了他的目标。

埃莉诺·斯特林（Eleanor Sterling）

美国自然博物馆生物多样性保护中心主任

J. Wolf & J. Smit del. et lith.

DIPHYLLODES RESPUBLICA

爱略特的瑰宝：天堂之鸟

撰文 / 乔尔·L. 克拉克拉夫特

作者

Daniel Giraud Elliot，1835—1915

丹尼尔·吉劳德·爱略特

书名

A monograph of the Paradiseidae, or birds of paradise

《极乐鸟（天堂鸟）志》

版本

London: D. G. Elliot，1873

（左图）威氏极乐鸟（*Diphyllodes respublica*）仅存于新几内亚大陆西部的两个小岛上——卫吉岛和巴丹塔岛。雌鸟和雄鸟的头冠上都露出了蓝色的羽毛。在19世纪，画家缺少极乐鸟交配行为的信息，所描绘的姿势都是错误的。雄性极乐鸟应该是在接近地面的垂直枝条上展示自己的。

　　丹尼尔·吉劳德·爱略特是19世纪美国最重要的鸟类学家和自然学家之一。然而，尽管他在学界有着北斗之尊，却鲜少有其生平记录，我们知道的只有他对自己1914年职业生涯的所写所说，这些只言片语记录在一部未公开出版的回忆录以及在纽约林奈学会的一场演说中。对他的所有褒奖甚至讣告几乎都引用或源自这两个信息源。不过，爱略特的学术成就绝不是默默无闻的。他是美国自然博物馆1869年创建时的科学创办人之一，他的北美鸟类私人收藏系列是首批进驻博物馆的标本。

　　爱略特曾无数次在世界各地旅行以研究并收集鸟类，他往往一走就是多年，最久的一次旅程长达十年。依据这些旅行的收获，他发表了数百篇论文，其中包括关于哺乳动物及鸟类群体的综合性对开本专著，比如1873年在伦敦出版的《极乐鸟志》。考虑到他几乎未接受过正式教育，他的学术成就更可谓出类拔萃——他在考进哥伦比亚大学后没多

艳粉极乐鸟以其又长又飘逸的红色侧羽闻名。左图是约瑟夫·沃尔夫的淡墨画，包括一小张色彩图示，为上色者约翰·道格拉斯·怀特（John Douglas White）提供参考。右图是印刷插图。两幅图细节上的区别说明左图并非用于印刷的图画。

久，就因身体"纤弱"而退学了，但他刚退学不久就启程前往南美、欧洲及中东，开始了一段长达数年的旅程。

据熟悉他的人说，爱略特是个仪表堂堂且温文儒雅的人。他轻言细语、温和友善的个性无疑使他更容易进入世界各地的博物馆，并结识各种科学家——他能在各种机构中一待就是好几个月，不过同样重要的是，这种个性使他得以跻身于有权有势的富人社交圈中，为自己的主要作品争取到了赞助者。他通过与欧洲方面的交往，为美国自然博物馆收集了各种鸟类标本，其中大多数是在商人那里购买的，也有些来自皇室与富豪的私人收藏。用今天的话说，爱略特是位人际关系高手。

爱略特痴爱鸟类，他撰写了大量综合性的著作，介绍八色鸫、雉、松鸡、蜂鸟和极乐鸟。在这个过程中，他还出版了关于猫科动物的对开本专著。1894年，他加入芝加哥的菲尔德自然博物馆（Field Museum of Natural History），成为其动物学分部的管理

1858 年，阿尔弗雷德·拉塞尔·华莱士在北摩鹿加群岛（现属印尼）发现了这一新种，它后来被命名为幡羽极乐鸟（*Semioptera wallacii*）。同年，他撰写了关于自然选择的革命性论文。

爱略特的瑰宝：天堂之鸟

CICINNURUS RECIUS

王极乐鸟广泛分布于新几内亚。这一物种在水平枝条上展示自己，挥动其极为奇异的尾羽，或是头上脚下地倒挂在树上。

EPIMACHUS ELLIOTI

为纪念爱略特，这种形态壮观的鸟类名为爱略特镰嘴极乐鸟（*Epimachus ellioti*）。当它被视为新物种时，科学家们意识到它可能是黑色镰嘴极乐鸟和黑蓝长尾极乐鸟的杂交种。

SELEUCIDES ALBA

十二弦风鸟因其尾部用于求爱的长弦羽而得名。亮黄色的侧翼要归功于色素，这种黄色在鸟儿死后很快就会褪成白色。

者，并将自己的注意力转移到了哺乳动物上。1906 年他离开了博物馆，在接下来的两年中在欧洲和亚洲旅行，在标本室和野外研究灵长类动物。接着他回到纽约的美国自然博物馆，于 1913 年将自己的调查研究最终升华为三卷本的分类学专著《灵长类综述》（*A review of the primates*）。

在爱略特的时代，插图丰富的对开本学术专著主要针对富裕的读者群，并不向普通大众发行。它们由富人投资，并为富人出版。这样的专著并不是爱略特发明的——事实上，他年轻时曾受约翰·詹姆斯·奥杜邦的作品影响——但他提升了它的价值，将新兴的野生生物绘画艺术与当代科学结合在一起。其例证之一就是《极乐鸟志》，该书于 1873 年在伦敦出版。它"由作者印献给订阅者"，在这 49 位主顾中有许多公爵、法国伯爵、英国伯爵，如巴隆·A.德·罗斯柴尔德（Baron A. de Rothschild）这样的银行家，还有少数图书馆机构。1887 年，康内留斯·范德比尔特（Cornelius Vanderbilt）和珀西·佩恩（Percy Pyne）为美国自然博物馆买下了爱略特的大型鸟类藏库，这部著作大概就是在此时收入博物馆的。

《极乐鸟志》是一本有 37 幅手工着色插图的大型对开本著作。它仅被题献给了阿尔弗雷德·拉塞尔·华莱士，他与查尔斯·达尔文一起建立了生物进化的世界观，并大量描述了野生的极乐鸟。这些华美插图的水彩原画由约瑟夫·沃尔夫（1820—1899）绘制，他可谓是 19 世纪最伟大的野生生物画家。平版印刷由约瑟夫·斯密特负责，大师级的上色者是约翰·道格拉斯·怀特（1818—1897）。爱略特的女儿玛格利特在 1927 年将其捐赠给了美国自然博物馆，博物馆有幸得到了书中沃尔夫的水彩原画。除此之外还有他的许多淡墨画，同样描绘了这些华丽鲜艳的鸟类。

乔尔·L. 克拉克拉夫特（Joel L. Cracraft）

美国自然博物馆脊椎动物学分部拉蒙特鸟类学科策展人（Lamont Curator of Birds）

爱略特的瑰宝：天堂之鸟

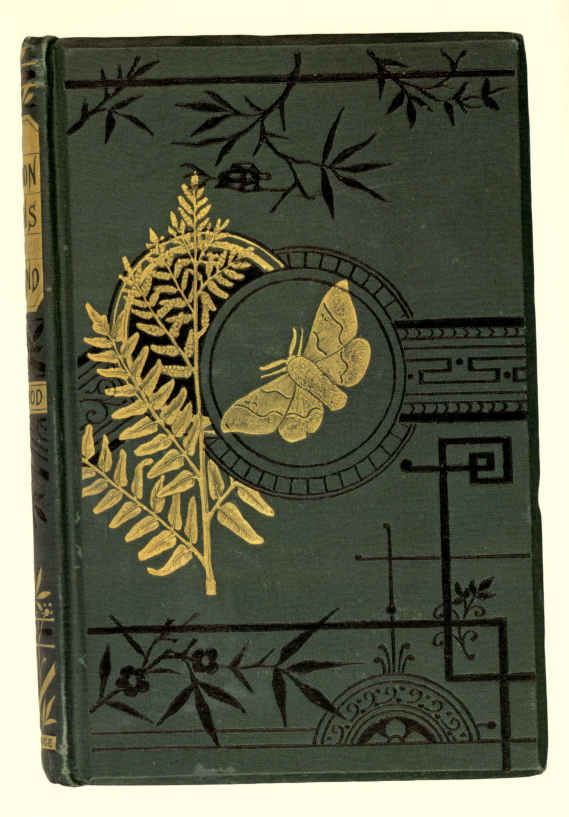

献给每个人心中的自然主义者

撰文 / 芭芭拉·罗兹

"也许没有哪一种研究会比自然史研究更迷人……一只昆虫就能激起我们心中情感的涟漪……田野里的花、空中的鸟、海里的鱼、在地球表面缓缓挪动的生物们……它们对人类一视同仁。所有人都可以研究它们的习性，检视它们的特点，并欣赏它们的美。"

——《博物学家》(*The Naturalist*)，1856

维多利亚时代的自然史类图书盛行烫金装饰，这得益于印刷技术的综合发展、人们读写能力的提高与闲暇时间的增多以及这个时代对乡野和自然的普遍热情。这些书本的封面与书脊上点缀着金箔、质感十足的封面布、与自然相关的浮雕主题和设计，将自然史引入了普罗大众的生活，从而创造了该类书籍的装订艺术。

这个时代自然学家的工作是向有阅读能力的公众推广科学，这个目标读者群体还有迅速形成的爱好者关系网，后者促进了研究自然史的俱乐部和各个学会的诞生。维多利亚时代的自然主义有一个特征，就是对观察客体细节细致入微地观察，有时观察者还会使用新近出现的廉价显微镜，观察结果被登记分类，往往还将被出版。自然中的一切事物都可以被观察并采集：昆虫和其他无脊椎动物、贝壳、卵、岩石、植物（比如蕨类）——这些都是最受欢迎的研究对象。

（左图）约翰·G.伍德（John G. Wood）的《英国常见飞蛾》(*Common moths of England*)出版于1870年，图为它的封面，展示了那个时代书籍封面高雅的烫金与黑色冲压艺术（后来的设计日趋奔放自由）。设计中使用了鳞翅目昆虫和蕨类的流行图样，整体装帧结合了东方风格，揭示了那个年代的别样激情。

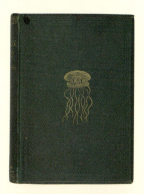

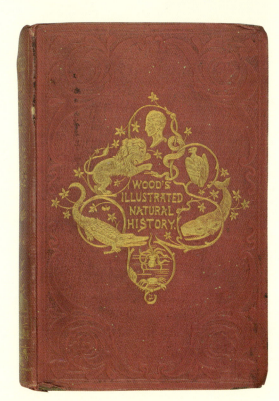

此处精选了一些使用烫金（及其他装饰）的书籍封面，它们的出版时间为 1847—1884 年。这些封面展示了各种各样的主题，点缀了 19 世纪后半叶的自然史书籍封面。设计反映了书籍的内容——从昆虫到鸟类和哺乳动物，从海洋生物到飞禽走兽——吸引了越来越多的自然史爱好者。这些烫金设计与封面布各色纹理的凹凸装饰一起，在合理的价格范围内展现了最大的吸引力。

　　　　　　献给每个人心中的自然主义者

到了 1850 年，烫金工艺设计被用于吸引眼球并宣传书籍的内容。它们常常点缀着自然史书籍的精装布面书脊。事实上，某些书的书脊装饰的确比封面的装饰还要华美，因为出版商意识到潜在读者应该在书店的书架上看到烫金装饰。上图右数第二本书是《在东印度群岛旅行》（*Travels in the East Indian Archipelago*），它的书脊上绘有一棵细细的棕榈树，这本书是由博物馆的创立者之一阿尔伯特·史密斯·比克摩尔（Albert Smith Bickmore）撰写的。

　　自然史研究还被等同于探险，勇敢的科学探索者们纷纷描述他们在遥远异域的旅行见闻。关于这些探险的书籍非常受欢迎，它们往往在多彩的封面上展示异域的动物和人类，以吸引读者的目光。虽然那个时代的大多数人都无法经历一场天涯海角的探险，但他们至少能够搭乘像火车这样的新兴交通工具，在相当大程度上扩展自己的活动范围。乘火车前往海岸或深入乡村意味着要无所事事地呆坐很久，那么，比起阅读一本生动有趣的书籍，领略自己即将亲历的奇迹，还有什么更好的方式能打发旅行时间呢？

19 世纪 20 年代，布面精装技术被引进英国，到了 30 年代中期，封面与内文部分开始被分别制造生产。这一革新使书籍装订变得更便宜、更迅捷，进而促成了更大开本的图书版本，因为有更多人能买得起这些书了。不过公众已经习惯了更实在的皮革装订，出版商要如何让布面书吸引读者的注意力呢？

第一本布面书的装饰只有一张纸标签和布面本身的质地，后者通常是光滑柔美的棉质。不管怎么样，能够在布面上制作浮雕或印花的机器早已存在，并在织物加工业中运用了几十年。书籍装订商们很快就用上了各式各样浆挺且有凹凸的封面布，最早期的一些封面布被刻意做得像皮革。

一旦装订完成，就可以用加热的青铜模具在布面上制作冲压装饰，这成为 19 世纪 30 年代的常见装饰艺术。封面常常被印出一圈边框，边框往往是"无色的"，即没有使用金箔。在这圈边框内，装订工将用金箔印出字母或图案，称为"装饰图"。书脊同样会以烫金印出标题，且常常还烫印出其他图案。

最初，这些装饰图仅仅是装饰图，图案有水壶、竖琴和喷泉等，不过到了 19 世纪四五十年代，装饰图便渐渐变为代表书中内容的图案，事实上也就是一种宣传图。很多时候，封面装饰就是书中的某幅插图。这些图书装帧设计和书中的内容共同形成了自然史艺术品中一份多彩且迷人的传承。

作者：芭芭拉·罗兹（Barbara Rhodes）

美国自然博物馆学术图书馆馆员

献给每个人心中的自然主义者

Siphonophorae. — Staatsquallen.

眼见为实

撰文 / 汤姆·拜恩

作者

Ernst Haeckel，1834—1919

恩斯特·海克尔

书名

Kunstformen der Natur

(*Art forms of nature*)

《自然界的艺术形态》

版本

Leipzig: Verlag des Bibliographischen Instituts，1899—1904

恩斯特·海克尔是一位经常旅行的德国生物学家，也是一位受欢迎的教授，在整个漫长的职业生涯中，他在科学领域与艺术领域都很活跃。作为当时刚出现并极富争议的达尔文进化论的支持者，他启发性且艺术性地展示了自然界中最小且最具几何对称性的居民，这一成就令他名垂青史。这位科学家是热忱的自然观察者，也是才华横溢的艺术家，早在他出版《自然界的艺术形态》之前，他在显微镜下为有机体分类及命名的技术便已远近闻名。

作为一位科学家兼插画家，海克尔在显微镜下磨炼他的技术，他的研究对象是数不胜数的科学标本，它们来自英国"挑战者号"自 1873 年至 1876 年的探险之旅——这是 19 世纪伟大的探索旅程之一。在远征之后，这些藏品被分配给不同的专家，海克尔负责研究深海打捞出的发现。动物学的调查结果分 32 卷出版，其中包括海克尔 1 804 页的双

（左图）管水母（Siphono-phorae）是水螅纲中一种另类的群落。群落成员各自有高度专门化的分工，但同时紧紧地聚集成一个整体，因此一个群落看上去往往像是一只单一的生物体。有许多管水母群落看上去很像海蜇，并且有剧毒。

　　"Thalmophora" 是有孔虫类一个更古老且废弃的学名，这种单细胞海洋原生动物有外壳。它们的化石对生物地层学研究来说依然是无价的珍宝，地质学家能够根据特别的有孔虫化石判断岩石的年龄。

Thalamophora. — Kammerlinge.

眼见为实

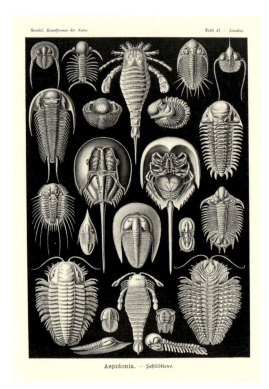

海克尔将这些有机体称为"Aspidonia",现在这个名词已经不再使用了。图中的群体包括肢口纲和三叶虫纲。除了肢口纲生物外,这里的大多数物种都早已灭绝了,图示肢口纲中包括了鲎(马蹄蟹)。

对开本图册《英国挑战者号收集的放射虫报告》(*Report on the radiolaria collected by H.M.S. Challenger*),其中包括 140 幅插图,花费了他近十年的时间。作品中分类描述了四千多种放射虫(主要是微观原生生物)——其中许多都是首次被描述。

海克尔不得不在收集了数千幅水彩草图的巨大文件夹中精挑细选,为《自然界的艺术形态》编辑内容。在平版印刷家阿道夫·吉尔兹科(Adolf Giltsch)的努力下,他的亲眼所见变成了印刷品。这部有上百幅图片的作品以两种形式出版,先是分成十组,以十幅插画为一组,配上纸质封面,在 1899—1904 年发行。每一组图都包括插画及所绘有机体的介绍。为了区分不同的有机体——它们往往挤在一幅插图中——每幅插画上都覆了一层透明薄膜,每张薄膜上都描出了这些有机体的轮廓并配以相应标号。薄膜沿边固定在纸页上,使读者可以清晰地看到薄膜下的图像。接下来的页面上依据标号描述了每一种有机体。由于海克尔极其迷恋放射虫,每一组图中至少有一幅放射虫的插画。

在《自然界的艺术形态》中,最令人惊艳的元素是其所绘生命奇妙的排列方式——尤其是微观生物。就仿佛有不可见的磁力排列着它们,将每一个个体都放在最佳的视觉角度上。这种方式最大化地利用了纸面,并使人们可以尽可能多地欣赏并研究相关有机体。它的结果是艺术性的,但意图是教育性且科学性的。对海克尔来说,描绘并分享他的观察所得是一种传达自然界知识与信息的方式。许多科学家都在观察并描述相似形态与功能间的联系,以展示动物间的关联性,而海克尔的眼界与记录技巧更进一步,将相似的生物一并图解,这样无论读者是不是科学家,都能清晰地看出它们之间的联系。作

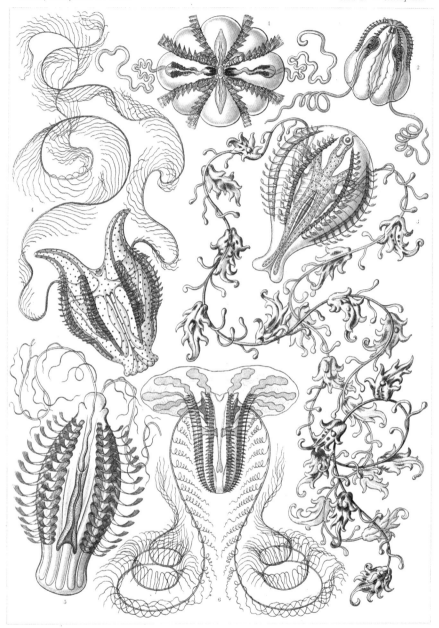

Ctenophorae. — Kammquallen.

楕水母（Ctenophorae，读音为TEEN-a-for-ay往往被错认为水母，不过这两类透明的海生生物并没有亲属关系。

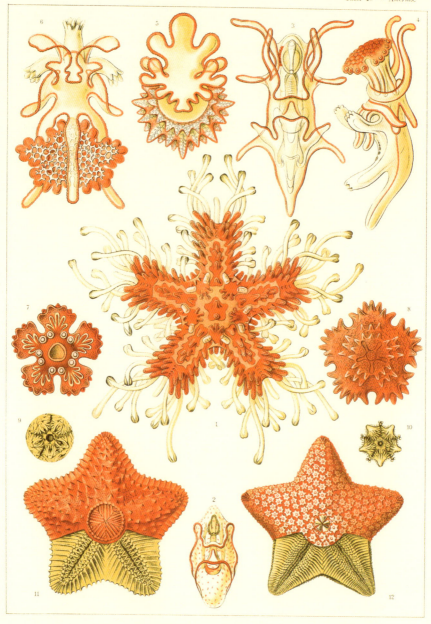

Asteridea. — Seesterne.

海星纲是棘皮动物的一个纲，通称为海星。它们是食物链高层捕食者，在缓缓移动的过程中捕食其他无脊椎动物，包括软体动物和藤壶。

为达尔文进化论的一位热切支持者，他只是通过提供一个视角为读者指出了理论逻辑，读者们通过这个视角可以自行看出明显的联系。

五年后，十组图册都已完成，图册的主人们可以将它们装订在一起，也可以将零散的图页放在文件夹中。因为《自然界的艺术形态》图册大受欢迎，整套作品于1904年以第二种形式再度出版发行，一百多幅插图被集合在了一起。美国自然博物馆有两套复制品，其中一套抵达博物馆时放在两只精美的纸皮包裹的木箱中，作品的标题印在纸皮封面上。这些"卷册"中的每一卷都经过精心设计，可以被集齐成一本传统书籍的模样，不过每一卷都有一张铰链式封面。在内侧，所有的文本和插图都是松散且未装订的，可能是为了便于研习。读者

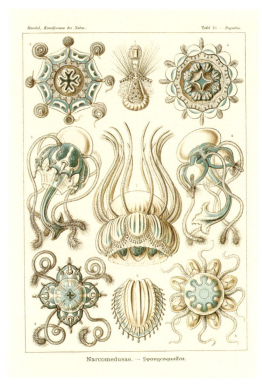

有秩序的筐水母是由海克尔在1879年命名的，以其钟形外形与扇形边缘闻名。

们可以将画页散在桌面上，以自己的方式为它们建立联系，而无须像翻阅传统书籍一样将它们翻来翻去。

单单从美学角度看，那厚重的黑色背景、精雕细琢的细节和令人愉悦的粉彩色调都令海克尔的科学插图直至今日也如初出版时一样迷人。当我们审视20世纪的艺术风格时，可以清楚地看到海克尔的作品是如何影响了从新艺术主义到超现实主义的艺术运动风格，乃至今日的艺术先锋领域。在《自然界的艺术形态》出版一百多年后，海克尔作品的多种复制版本依然广受欢迎，并且仍在出版发行，这正是该作品巨大魅力的最佳证明。

汤姆·拜恩（Tom Baione）
美国自然博物馆学术图书馆图书服务部哈罗德·伯申斯坦主任

自然界中的时尚

撰文 / 斯泰茜·J. 希夫

作者

Emile-A-lain Séguy，1877—1951

埃米尔阿兰·西古依

书名

Papillons: vingt planches en phototypie coloriées au patron

donnant 81 papillons et 16 compositions decorative

〔*Butterflies: twenty phototyped plates in colored patterns,*

containing 81 butterflies and 16 decorative compositions〕

《蝴蝶：20 张彩色影印图版，包括 81 只蝴蝶与 16 幅装饰作品》

版本

Paris: Duchartre et Van Buggenhoudt，【1925?】

书名

Insectes: vingt planches en phototypie coloriées au patron

donnant quatre-vingts insectes et seize compositions décoratives

〔*Insects: twenty phototyped plates in colored patterns,*

containing 80 insects and 16 decorative compositions〕

《昆虫：20 张彩色影印图版，包括 80 只昆虫与 16 幅装饰作品》

版本

Paris: Editions Duchartre et Van Buggenhoudt，【1929】

（左图）《昆虫》的图版 20 是一幅组合图，包括四种以明亮对比色设计的图案，令人眼前一亮。

　　E. A. 西古依著有 11 部以自然形态为灵感的装饰性图册，其中《蝴蝶》和《昆虫》可能是他最著名的作品，这两本书是艺术、科学与自然的天作之合。《蝴蝶》于 1920 年由美国纺织公司 F. Schumacher and Co. 承接制作，它与《昆虫》一样，展现了无可争议的美，不过在一个自然史图书馆

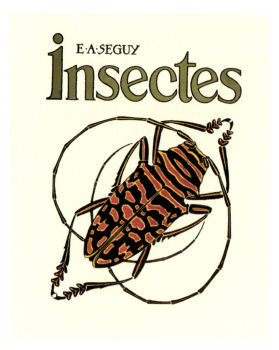

E·A·SEGUY
insectes

《昆虫》的丝网印刷封面依然留有原始棉缎带的碎片。

中，它们可能是相当古怪的藏书。不管怎么样，书中所展示的昆虫都选自学术书的插画，并经由丝网印刷术再创造，被赋予了实验室外罕见的大胆色彩与细节。西古依向创意世界展示了蝴蝶和其他昆虫的色彩、线条与形态能变得多么令人遐想且令人迷醉。除了设计与艺术团体中的成员，科学界也注意到了他的作品。

在 20 世纪 20 年代的装饰艺术及新艺术运动中，作为一位法国设计师，E.A.西古依在图案及织物设计上很受欢迎并且相当有影响力。人们常常将他与另一位 E. 西古依【尤金·西古依（Eugene Séguy，1890—1985）】相混淆，后者是位作品广为发表的著名昆虫学家，而且是位多产的双翅目昆虫（这类昆虫有一对用于飞翔的翅膀，还有一对用于平衡的平衡棒）的学术插画家。引人注意的是，许多参考艺术家西古依作品的著作也会参考科学家西古依的作品，反之亦然。丝网艺术家的背景资料很少，有时会以埃米尔-阿兰的名字出现，他的生平与出身几乎是一个谜。昆虫学家西古依肯定不会否认，艺术家对《昆虫》中那些如自然界"机械奇迹"的有翼昆虫的观察可以算得上是科学研究，同时也为我们创作室内装饰品提供了灵感。比如说，《蝴蝶》中的翅膀组合图就证明了这一哲理，这些图案被用于墙纸、织物以及其他室内设计和时尚元素。

西古依在《蝴蝶》和《昆虫》中采用了丝网印刷技术，它源于一种古老的方法，将丝网模版用于上色。这些模版经切割制成，而后被用来覆盖艺术品的轮廓线。每种色彩都有它自己的模板，人们用刷子或海绵，将一层层的水粉颜料或色素透过丝网模版分别刷在纸页上，以形成厚重的颜色与质感。这种昂贵且颇费人力的技术需要高水平的色彩画家来执行，在 20 世纪 20 年代的巴黎，丝网印刷技术达到了应用的顶峰。西古依

自然的历史

Pl. 5

《昆虫》的图版 5 是一些精选的膜翅目昆虫，它们的颜色粗犷，来自亚洲热带、南美以及世界各地。

自然界中的时尚

Pl. 5

《蝴蝶》的图版 5 精选了一些来自新世界与非洲地区的蝴蝶。

自然的历史

Pl. 20

《蝴蝶》的图版 20 展示了一系列排列有序的蝴蝶（和蛾类）翅膀，它们可被用于纺织品与装饰艺术品设计。

自然界中的时尚

Pl. 10

《昆虫》的图版 10 精选了 5 只昆虫（分属蜻蜓目和脉翅目），它们来自四个不同的大洲，全都展开翅膀并被绘成古铜色与金色。

的插画是这一方法的精美实例，就如他所写的，它们美妙地突出了"（昆虫的）色彩饱和度……形状……以及结构"。他在画册引言中向读者保证，丝网印刷能展现正确的色彩，为装饰艺术家们提供学术插图中缺失的真正代表性风格。装饰艺术家们往往缺少双翅目昆虫华美精细的特征信息，为此，西古依在《蝴蝶》中写道，他"力图从艺术视角精选出最美丽的品种，并忠实地再现它们的形貌，以协助（他的）同事们"。

西古依以大比例尺展现了这些异域生物，使观察"无须麻烦地使用放大镜"，这是之前在学术研究中无法实现的。作品中的插画虽然源于科学，但却是为美学而非科学编排的。昆虫的翅膀重叠在一起，以最大化地利用纸面空间，一群蝴蝶停歇在一处，颜色华美的翅膀张开着。在两本图册中，每一种昆虫或蝴蝶的插图后面的组合图总是能让人联想到无数种装饰图案的搭配，就如《蝴蝶》的图 20（见 263 页图）与《昆虫》的图 20（见 258 页图）。图册中唯一的文字部分就是引言，不过每本图册都有一份物种名称与原产地的索引，对应着每张图版中编号的物种。正如西古依所言，这些作品是"色彩协调与组合的神奇财富"。两本图册展示了来自全球各地的蝴蝶和昆虫物种，展示了它们的色彩、形状与多样化。你绝不可能在自然界中看到这些物种出现在同一个地方，它们被放在一起是为了令人惊艳的设计，那些轮廓突出的翅膀、躯体与触须在纸页上呈现出完美的同步性。

美国自然博物馆图书馆在 1930 年收藏了 1925 年版的《蝴蝶》和 1929 年版的《昆虫》。两套出版物的册页都未装订，册页外面套着两幅绘有彩色图版的对开封面，还附有棉缎带。西古依还出版了类似的展示棱镜与花朵的册页。每幅图版的左下角都有西古依的印章，在《蝴蝶》中名字下方还加上商标簇，在《昆虫》中就是名字组成的长方块形状。西古依将科学与艺术融合在一起，正如他在《昆虫》中写的一样，这是"自然界中的时尚"。在近一个世纪的时间里，西古依的作品被复制到无数图样中，用于墙纸、插画以及织物，它们不仅一直为人们带来灵感，同时也仍然从艺术爱好者和科学家中收获无尽的热情。

斯泰茜·J. 希夫（Stacy J. Schiff）

美国自然博物馆图书馆视觉资源图书管理员

在此特别感谢乔纳森·埃尔科比（Jonathan Elkoubi）和戴安娜·辛的翻译工作

致　谢

　　首先，我想要赞美所有的作者：和你们每个人合作都非常愉快，感谢你们允许我将你们"诱拐"进这个项目。我同时也必须感谢所有原本可能加入这个项目的作者，谢谢你们耐心倾听我未能成功的请求，尽管你们拒绝加入，但感谢你们的倾听。

　　所有的图书馆工作人员都值得赞扬，包括路易丝·斯图尔德（Louise Steward），她使一切进展顺利；尤其还要感谢安妮特·施普林格（Annette Springer）、苏珊·林奇（Susan Lynch）和马修·柏林（Matthew Bolin），他们在有意无意间参与追踪、借用或购买了本书的相关参考资料。感谢格里高利·拉姆（Gregory Raml）和芭芭拉·马特（Barbara Mathe），他们总是不厌其烦地根据我的要求"助我一臂之力"，从无异议（读者应从生物角度看待此事）。芭芭拉·罗兹的工作尽善尽美，本书受惠于她。我欠梅·凯勒曼·雷特梅尔的情，为她在整本书完成过程中自始至终的乐观精神与建议。感谢蕾切尔·布斯（Rachel Booth）提出的所有宝贵意见，特别感谢戴安娜·辛、迪特尔·芬科特 - 弗洛伊斯切尔（Dieter Fenkert-Fröeschel）和玛丽·耐特（Mary Knight）所做的一切耐心细致的翻译工作。作为读者，乔尔·斯威姆勒（Joel Sweimler）和薇薇安·特拉金斯基（Vivian Trakinski）的协助弥足珍贵，而且我必须赞美我的前任尼娜·鲁特，她无数次地接受我各种琐碎的提议。我如今明白了这些书远不只是漂亮图画的集合，希望前图书馆员玛丽·迪琼（Mary DeJong）会为此感到高兴。

　　没有丹尼斯·菲宁（Denis Finnin）专业的摄影工作，这个项目不可能完成。除了序和引言中的老照片外，丹尼斯拍摄了本书中的每一张图片。和丹尼斯一起，和本项目的明星们——那些书籍们——一起在摄影工作室中消磨如此多时光实在是一段愉快的经历。

　　同样要感谢斯特林出版公司的同仁们，他们以细致与敏锐推动这个项目（与我）。我非常感谢编辑总监帕姆·霍恩（Pam Horn）、艺术总监阿什利·普莱茵（Ashley Prine）、生产经理埃里卡·施瓦兹（Erika Schwartz）和编辑约翰·福斯特（John Foster），为他们所有的支持与协作。

　　最后，我必须把诚挚的谢意献给博物馆的高级副主席、科学院长、古生物学馆长——迈克尔·J. 诺瓦切克（Michael J. Novacek），感谢他自始至终的鼓励与支持。

参考文献

1678 年的印度购物指南

Tavernier, J.-B. (1678). *The six voyages of John Baptiste Tavernier through Turky into Persia and the East Indies.* London: Printed for R[obert] L[ittlebury] and M[oses] P[itt].

Streeter, E. W. (1882). *The great diamonds of the world.* 2nd ed. London: George Bell & Sons.

创作者梅里安

Davis, N. Z. (1995). *Women on the margins: Three seventeenth–century lives.* Cambridge, MA: Harvard University Press.

路易斯·里纳德与他的奇异动物之书

Pietsch, T. W. (1984). Louis Renard's fanciful fishes. *Natural History, 93*(1), 58–67.

Pietsch, T. W. (1991). Samuel Fallours and his "Sirenne" from the province of Ambon. *Archives of Natural History, 18*(1), 1–25.

Pietsch, T. W. (Ed.) (1995). *Fishes, crayfishes, and crabs: Louis Renard's Natural history of the rarest curiosities of the seas of the Indies.* Baltimore: Johns Hopkins University Press.

视觉盛宴：赫布斯特的螃蟹和龙虾

Lai, J. C. Y., Ng, P. K. L. & Davie, P. J. F. (2010). A revision of the *Portunus pelagicus* (Linnaeus, 1758) species complex (Crustacea: Brachyura: Portunidae), with the recognition of four species. *Raffles Bulletin of Zoology, 58*(2), 199–237.

软体动物学的黎明时代：朱塞佩·沙勿略·波里卓越而又默默无闻的毕生心血

Burnay, L. P. (1985). Giuseppe Poli, fondateur des études de l'anatomie des mollusques bivalves. *Publicaes Ocasionais da Sociedade Portuguesa de Malacologia, 4,* 9–12.

Castellani, C. (2008). Poli, Giuseppe Saverio. In *Complete Dictionary of Scientific Biography.* Retrieved October 8, 2011, from http://www.encyclopedia.com/doc/1G2-2830903466.html.

Catenacci, G. (1998). *Il tenente colonnello Giuseppe Saverio Poli, comandante della Reale Accademia Militare Nunziatella (1746–1825).* Molfetta: Associazione Nazionale ex Allievi della Nunziatella, Sezione di Puglia.

Ghisotti, F. (1993). La classificazione dei bivalve e l'opera di Giuseppe Saverio Poli. *Lavori della Società Italiana di Malacologia, 24,* 149–156.

Jatta, A. (1887). Giuseppe Saverio Poli. *Rassegna Pugliese di Scienze, Lettere ed Arti, 4,* 227–229.

Mastropasqua,L.(2007).*Lezioni di Storia Militare di Giuseppe Saverio Poli.* Napoli: Università degli Studi di Bari.

Morelli di Gregorio, N. (1826). Il cavaliere Giuseppe Saverio Poli. In *Bibliografia degli uomini illustri del Regno di Napoli.* Napoli: N. Gervasi (pp. [1–21]).

Tridente, M. (1950). Il molfettese Giuseppe Saverio Poli, antesignano della moderna biologia. *Archivio Storico Pugliese, 4,* 228–245.

通草纸蝴蝶画册

Crossman, C. L. (1991). *The decorative arts of the China trade.* Woodbridge, Suffolk: Antique Collectors' Club.

DeCesare, L. (2002). *Chinese botanical paintings, Tetrapanax papyferum (Hook.) Koch.* Retrieved June 6, 2011, from http://www.huh.harvard.edu/libraries/Tetrap_exhibit/chinesebotanicals. html

Williams, I. (2003). *Chinese drawings on pith paper.* Retrieved June 6, 2011 from http://www. chinese-porcelain-art.com/Chinese-Watercolours.htm

亚历山大·威尔森和美国鸟类学的起源

Allen, E. G. (1951). The history of American ornithology before Audubon. *Transactions of the American Philosophical Society, New Series, 41*(3), 387–591.

Christy, B. H. (1926). Alexander Lawson's bird engravings. *The Auk, 43*, 47–62.

Heston, A. M. (1904). *Absegami: Annals of Eyren Haven and Atlantic City, 1609 to 1904.* Camden, NJ: A. M. Heston, Sinnickson Chew & Sons.

Miller, L. (2010). *Alexander Wilson, father of American ornithology.* Santa Barbara, CA: John & Peggy Maximus Gallery; Santa Barbara Museum of Natural History.

发现新世界：弗朗索瓦·佩龙的澳大利亚之旅

Péron, F. (2006). *Voyage of discovery to the southern lands: Books 1 to 3, comprising chapters 1 to 21.* (C. Cornell, Trans.). Adelaide: Friends of the State Library of South Australia. (Original work published 1807–1816).

Duyker, E. (2006). *François Péron: An impetuous life.* Carlton, Vic. Miegunyah Press.

Wantrup, J. (1987). *Australian rare books, 1788–1900.* Sydney: Horden House.

来自深海：里索对深海生物的开拓性研究

Bourguignat, J. R. (1861). *Etude synonymique sur les mollusques des Alpes maritimes publiés par A. Risso en 1826.* Paris: J.-B. Baillère, 1861.

布立特的星图

Helfand, J. (2002). *Reinventing the wheel.* New York: Princeton Architectural Press.

Kanas, N. (2007). *Star maps: History, artistry, and cartography.* Berlin; New York: Springer.

Kidwell, P. A. (1985). Elijah Burritt and the "Geography of the heavens."

Sky & Telescope, 69(1), 26–28.

阿尔西德·德·奥比格尼：达尔文的竞争对手

Berry, W. B. N. (1968). *Growth of a prehistoric time scale, based on organic evolution*. San Francisco: W. H. Freeman and Company.

Vénec-Peyré, M.-T. (2004). Beyond fontiers and time: The scientific and cultural heritage of Alcide d'Orbigny (1802–1857). *Marine Micropaleontology, 50*, 149–159.

陆军上校麦肯尼的印第安画册

Viola, H. J. (1976). *The Indian legacy of Charles Bird King*. Washington: Smithsonian Institution Press.

爱略特的瑰宝：天堂之鸟

Allen, J. A. (1916). Daniel Giraud Elliot. *Science, 43*, 159–162.

Chapman, F. M. (1917). Daniel Giraud Elliot. *The Auk, 34*, 1–10.

Elliot, D. G. (1914). *Reminiscences of early days in the American Museum of Natural History*. (Unpublished typescript).

Jackson, C. E. (2011). The painting of hand-coloured zoological illustrations. *Archives of Natural History, 38*, 36–52.

Osborn. H. F. (1910). *History, plan and scope of the American Museum of Natural History*. New York: Irving Press.

自然界中的时尚

Schleuning, S. (2008). *Moderne: Fashioning the French interior*. New York: Princeton Architectural Press.

索 引

C		
Campi Phlegraei (Hamilton)	《坎皮佛莱格瑞》（汉密尔顿）	89-93 页
Chemnitz, Johann Hieronymus	约翰·耶罗尼米斯·开姆尼斯	75-81 页
Chinese Plates of Butterflies (anonymous)	《中国蝴蝶彩图》（佚名）	123-125 页
Color wheel	色轮	84 页
Constellations	星座	13-17 页，179-183 页
Crabs and crayfish	螃蟹和龙虾	109-113 页
Cracraft, Joel L.	乔尔·L. 克拉克拉夫特	243 页
Cramer, Pieter	皮埃特·克拉默	41 页，95-101 页
Crowley, Louise M.	路易丝·M. 克劳利	81 页

D		
Darwin, Charles	查尔斯·达尔文	185-191 页，199-203 页，225 页，243 页
Davy, Sir Humphry	汉弗莱·戴维爵士	167 页
De Bry, Theodorus	特奥多雷·德·布里	7-11 页
Description de l'Egypte,	《埃及简述》	135-141 页
DeSève, Jacques	雅克·迪西弗	205 页，207 页
De uitlandsche kapellen voorkomende in de drie waereld-deelen Asia, Africa en America (Cramer)	《异域鳞翅目昆虫：亚洲、非洲和美洲》（克拉默）	95-101 页
De Voogt, Alex	亚历克斯·德·沃格特	23 页
Die Såugthiere in Abbildungen nach der Natur mit Beschreibungen (Schreber)	《哺乳动物（附自然写生插图及描述）》（施莱伯）	205-209 页
D'Orbigny, Alcide Dessalines	阿尔西德·德萨利纳·德·奥比格尼	185-191 页
Drury, Dru	德鲁·德鲁里	84 页
Duméril, Andre-Marie-Constant	安德烈-玛利·康斯坦特·杜梅里尔	173-177 页
Duméril, Auguste Henri Andre	奥古斯都·亨利·安德烈·杜梅里尔	173-177 页
D'Urville, Jules-Sébastien-César Dumont	儒勒·塞巴斯蒂安·塞萨尔·迪蒙·迪维尔	211-217 页

E		
Egypt	埃及	135-141 页
Eldredge, Niles	尼尔斯·尔德雷奇	191 页
Elliot, Daniel Giraud	丹尼尔·吉劳德·爱略特	237-243 页
Ellis, Richard	理查德·埃里斯	5 页
Erpétologie générale, ou histoire naturelle complète des reptiles (Duméril)	《爬行动物学概述》（杜梅里尔）	173-177 页
An exposition of English insects . . . (Harris)	《英国昆虫一览》（哈里斯）	83-87 页

F		
Fabricius, J. C.	J.C. 法布里修斯	110 页 ,113 页
Fishes	鱼类	51-57 页，103-107 页
Fishes, crayfishes, and crabs . . . (Renard)	《鱼、小龙虾与螃蟹》	51-57 页
Flacourt, Étienne	艾蒂安·弗拉古	19-23 页
Fort Dauphin	多凡堡	19-23 页
Fossils	化石	27-28 页，67-73 页，185 页，188 页，191 页，199-200 页，252 页
Frogs	蛙类	59-65 页，144 页，174 页
Frost, Darrel	达雷尔·弗洛斯特	65 页

G		
Galil, Bella	贝拉·加利尔	109-113 页，155-159 页
Gessner, Conrad	康拉德·格斯纳	1-5 页
Gould, John	约翰·古尔德	171 页，199-200 页，225-229 页
Graff, Johann Andreas	约翰·安德烈亚斯·格拉夫	41 页
Grimaldi, David	大卫·格里马尔迪	86 页
Gross, Miriam T.	米里亚姆·T. 格罗斯	209 页

Martini, Friedrich Heinrich Wilhelm	弗里德里希·海因里希·威廉·马提尼	75-81 页
McKenney, Thomas L.	托马斯·L. 麦肯尼	193-197 页
Menéndez de Avilés, Pedro	佩德罗·梅嫩德斯·德阿维莱斯	8 页
Merian, Maria Sibylla	玛丽亚·西比拉·梅里安	37-43 页，61 页，96 页
Metamorphosis insectorum Surinamensium (Merian)	《苏里南昆虫生活史图谱》（梅里安）	37-43 页
Micrographia (Hooke)	《显微图谱》（胡克）	25-29 页
Microscopy and microscopic subjects	显微镜观察和观察目标	25-29 页，251-257 页
Miller, James S.	詹姆斯·S. 米勒	101 页
Mollusks	软体动物	75-81 页，115-121 页
A monograph of the Paradiseidae or birds of paradise (Elliot)	《极乐鸟（天堂鸟）志》（爱略特）	237-243 页
Monograph on the aye-aye (Owen)	《指猴志》（欧文）	231-235 页
Myers, Charles W.	查尔斯·W. 迈尔斯	147 页

N		
Neues systematisches Conchylien-Cabinet (Martini/Chemnitz)	《贝类新分类全书》（马提尼/开姆尼斯）	75-81 页
Numerology	数字命理学	161-165 页

O		
Oken, Lorenz	洛伦兹·奥肯	161-165 页
Owen, Sir Richard	欧文爵士	231-235 页

O		
Papillons (Séguy)	《蝴蝶》（西古依）	259-265 页
Pearson, Richard	理查德·皮尔森	153 页
Péron, François	弗朗索瓦·佩龙	149-153 页
Physiologus	《生理论》	2 页

Pith paper	通草纸	123-125 页
Poissons, écrevisses et crabes . . . (Renard)	《鱼、小龙虾与螃蟹》（里纳德）	51-57 页
Poli, Giuseppe Saverio	朱塞佩·沙勿略·波里	115-121 页
Proceedings of the Zoological Society of London	《伦敦动物学会集刊》	167 页，209 页

R		
Raffles, Sir Thomas Stanford	托马斯·斯坦福·莱佛士爵士	167 页
Raxworthy, Christopher J.	里斯托佛·J. 拉斯沃斯	177 页
Recueil de monumens des catastrophes que le globe terrestre a éssuiées. . . (Knorr)	《劫后遗骸收藏》（克诺尔）	67-73 页
Reitmeyer, Mai Qaraman	麦·查拉曼·雷特梅尔	57 页，133 页
Renard, Louis	路易斯·里纳德	51-57 页
Rhodes, Barbara	芭芭拉·罗兹	249 页
Risso, Antoine	安托万·里索	155-159 页
Root, Nina J.	尼娜·J. 鲁特	171 页
Rösel von Rosenhof, August Johann	奥古斯都·约翰·罗塞尔·冯·卢森霍夫	59-65 页

S		
Schiff, Stacy J.	斯泰茜·J. 希夫	265 页
Schreber, Johann Christian Daniel von	约翰·克里斯蒂安·丹尼尔·冯·施莱伯	205-209 页
Schrynemakers, Paula	保拉·谢瑞妮梅克尔斯	43 页
Seba, Albert	阿尔伯特·西巴	41 页，45-49 页，64 页，75 页
Séguy, Emile-Alain	埃米尔 - 阿兰·西古依	259-265 页
Shara, Michael	迈克尔·萨拉	17 页
Shih, Diana	戴安娜·辛	125 页
Simmons, Nancy B.	南希·B. 西蒙斯	203 页
Smit, Joseph	约瑟夫·斯密特	171 页